U0729063

DAXUESHENG
XINLI WEIJI
GANYU ZHINAN

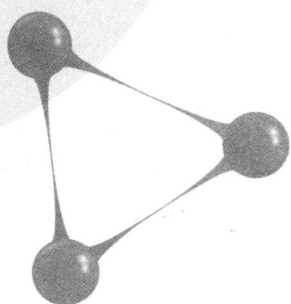

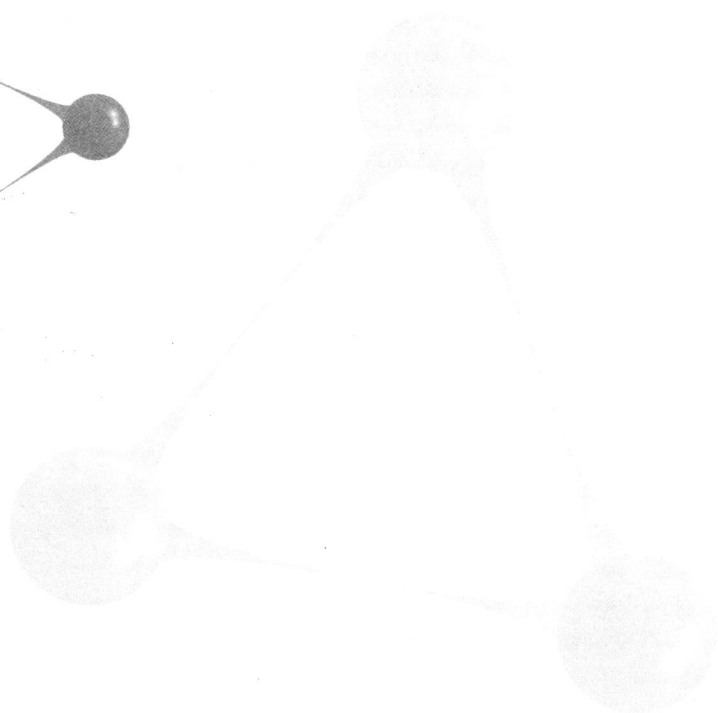

大学生心理危机干预指南

金晓明　何星舟　邱晓雯　等编著

ZHEJIANG UNIVERSITY PRESS
浙江大学出版社

前　言

　　2013年,中国疾病预防控制中心的一项调查显示,在全国大学生中,有高达25.4%的人有焦虑不安、神经衰弱、强迫症状和抑郁情绪等心理障碍。中国心理卫生协会大学生心理咨询专业委员会的调查表明,40%的大学新生和50%以上的毕业生都存在或多或少的心理问题。人际交往、学习压力、就业压力、情感困境是大学生最突出的四大"心病"。

　　这本小册子从危机干预的基本概念谈起,简要介绍了危机干预的特殊性和危机干预常用的九步晤谈法,介绍了心理疾病引发危机时的常见干预流程,并列举了9个案例予以说明,为危机干预工作者提供参考。自杀干预属于比较特殊的情境,书中列举了自杀未遂和自杀成功的案例各一个,给救援者提供参考。第四章节所列的《大学生心理危机干预实施办法》和《中华人民共和国精神卫生法》为危机干预的实施提供了有效指南和法理依据。书中还附有13个实用小贴士和若干相关主题的推荐书籍,供读者参阅。

　　每个学生都是一个独一无二的生命,需要我们教育工作者发自内心地感受他们,接纳他们,理解他们,欣赏他们! 当危机发生时,让我们更深入地了解他们内心的渴望和需要,成为这些生命的陪伴者、守护者、引导者,指引他们走好成长之路。

《大学生心理危机干预指南》

编著者名单

金晓明　何星舟　邱晓雯

蔡　雪　刘　琼　王梦楠

目 录

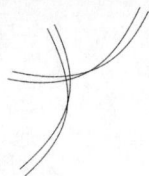

目
录

第一章　心理危机预防与干预概论

第一节　心理危机的定义与危机预防干预的意义

一、心理危机的定义

心理危机理论最早于 20 世纪 40 年代由学者 Linderman 提出,在其发展过程中,越来越多的研究者对心理危机这一概念提出了自己的观点。

1954 年,享有"现代危机干预之父"美誉的 Caplan 教授对"心理危机"这一概念给出了如下表述:当一个人面临困难情境(problematic situation),而他先前处理危机的方式和惯常的支持系统不足以应对眼前的处境,即他必须面对的困难情境超过了他的能力时,这个人就会产生暂时的心理痛苦(psychological distress),这种暂时性的心理失衡状态就是心理危机(龙迪,1998)。

心理学教授 Kristi Kanel 将心理危机分成三个基本组成部分:

(1)危机事件(应激源)的发生;

(2)当事人因感知到危机事件而产生的主观痛苦;

(3)惯常处理应激的方法或机制失败,导致个体心理、情感和行为等方面的一般功能水平与危机事件发生前相比有所降低(Kristi Kanel,2003)。

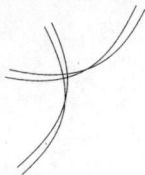

可见,心理危机本质上是伴随着危机事件发生而出现的一种心理失衡状态。因此,我们可以这样来界定心理危机:心理危机是指个体或群体惯常处理应激的方法或机制不足以应对当前遇到的某些应激事件的影响或挑战时,其内心所处的高度紧张、焦虑、痛苦的不平衡状态。广义上的心理危机也指由心理相关因素或心理疾病引发的各类危机情况。本书所述的心理危机指的是广义上的概念。

二、高校心理危机预防与干预的意义

社会经济的发展和教育体制的改革为大学引入了许多新鲜元素,也带来了很多改变。高校大学生不再像过去一样生活在单纯的"象牙塔"里,他们每天都能接收到来自网络、媒体、周围人群等不同社会价值观的冲击。与此同时,处于青年期的大学生虽然生理如成人般发育完全,但心理还未达到成人的成熟水平,两者之间并不协调,这就造成他们在遭遇升学、就业等应激事件时容易情绪不稳,无法进行妥善处理,从而引发心理危机。近年来,大学生自杀和伤人事件频发,更不必说一些酗酒、打架斗殴等暴力事件。有数据说明,大学生自杀概率要远高于其他并未上大学的同龄人,高达两倍到四倍,且仍在持续增长中(刘瑜等,2008)。

在个体的成长过程中,人们会遭遇很多事情,有好事也有厄运,心理危机的发生无法避免,面临和应对危机事件是每一个人的必然经历。人生发展的各个阶段都会出现危机,但危机的出现并不代表失败,也可能会带来机遇与挑战。一个人若能成功地度过危机,完成挑战,很可能意味着他在此过程中获得了新的发展。可见,大学期间的心理危机如果能成功处理,有可能给大学生的心理发展带来相当大的促进作用,为他们更好地适应社会铺平道路。

另一方面,心理危机处理不当可能会引发严重的后果:

（1）如果心理危机未能得到有效处理与干预，任其发展会使个体陷入困境。无助的人们采取一些消极应对方式如借助酒精、滥用药物等，极易产生孤独、多疑、抑郁、自责、焦虑等不良情绪，严重者会发展成为神经症或精神障碍患者，甚至出现自伤、自杀等严重后果。

（2）如果心理危机未能得到有效处理，当事人表面上度过了危机，但事实上却只是暂时将消极的情绪压抑到潜意识当中，并没有真正解决危机，这会对个体今后的心理产生影响，留下后遗症。心理危机处理不当留下的后遗症还会不时地对他今后的生活产生影响，下次遇到类似的危机事件时，极有可能出现新的不适应状况（周日波，2007）。

由于学校社会结构的特殊性，学校心理危机也具有其特殊性。Johnson认为，发生在学校里的危机事件更容易造成混乱，从而影响到整个学校的安全与稳定（Melissa Allen, et al, 2002）。因为学校生活的集群性以及学生群体的同质性使得校园心理危机更具有传染性，应对不当会引起整个校园的不稳定（刘取芝，2005）。而且每个学生背后都有一个家庭，一旦危机处理不当，其后果将不仅仅局限于学生群体，也会引发家长的不良反应，扩展引起社会的不稳定，造成社会方方面面的损失。

因此，在高校里心理危机干预工作就显得尤为重要。在大学生遇到心理危机时，帮助他妥善处理危机，安全度过危机并成功完成挑战，促进其心理水平的提高才是危机干预的最终目的和意义所在。同时，我们不能忽视预防的作用。心理危机预防的重点在于如何"防患于未然"，如何在心理危机引发更严重的后果之前筛选出容易诱发心理危机的个体，如何让心理健康教育更有效地开展，为普通人群提供实用的心理适应方法等。

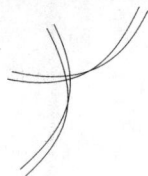

第二节　大学生心理危机干预的特殊性

当人们由于突然遭遇严重灾难、重大事件或精神压力，导致生活状况发生剧烈变化，以现有的经验难以很好地应对，陷入痛苦、不安的状态时，心理危机就发生了。因此，心理危机干预是指针对处于心理危机状态的个人及时给予适当的心理援助，使之尽快摆脱困难的一系列处理方式。

由于大学生群体是未来的希望，肩负国家建设、民族振兴的历史重任，他们的一举一动很容易引起社会关注。加上目前高校实行统一入住制度，属于校园聚居形式，学校要对其人身安全负有监管责任，一旦发生危机，其负面影响很容易扩散。大学生群体相对一般社会群体而言，具有较好的知识储备，对自我要求较高，对自尊满足等需求较大，也就要求我们在处理大学生危机的时候注意工作的方式方法。因此，大学生心理危机干预有一定特殊性，需要相关工作者区别、细致地对待。

一、大学生心理危机发生的常见原因

一些突如其来的灾难会使人们陷入心理危机，它们通常具有自限性，大多会在1～4周内消失。引发大学生心理危机的常见原因有以下几类：

1. 恋爱关系破裂

失恋会打击自尊，易引起强烈的痛苦和愤懑情绪，当情绪强烈到一定程度时，严重者可能出现攻击行为，攻击自身，比如自伤或自杀，攻击他人，比如把爱变成恨，攻击恋爱对象或所谓的第三者。

2. 突然失去亲人

当事人会处于一种应激的悲伤反应中,变得抑郁消沉,严重者甚至有妄想、情感淡漠等情况出现。

3. 重大财产损失

例如当事人被诈骗,在确认事件真的发生、损失无法挽回后,严重者会产生轻生的想法。

4. 重要事件受挫

比如,具有重要意义的考试失败会引起当事人痛苦的情感体验。大多数人表现为退缩、不愿与人接触,陷入暂时的自我限制阶段,直到情绪自我缓解,才慢慢走出阴影,而严重者也可能为此采取轻生行为;再如,竞选失败,有些人会有不断自责和自我贬低等表现,而有些人则把失败的原因归咎于他人,认为有人从中作梗进而采取攻击行为等。

5. 心理疾病发作

原有心理疾病在校园生活中因为某些因素的累积,导致疾病复发,出现幻听、攻击冲动、自伤或自杀等情况。

处于诸如此类危机中的当事人,他们的心理防线是很脆弱的,需要专业的帮助和干预。而干预的效果取决于当事人的个人素质、适应能力以及他人参与干预时的技术手段等。

二、危机发生后的情绪反应过程

每个人面对严重事件都会出现若干应激反应,但不同的人对同一性质事件的反应强度及持续时间是有所不同的。经过对绝大部分危机事件的梳理,我们将该情绪反应过程概括为两个阶段。

第一阶段:虚假情绪期。当事人面对事件呈现麻木、冷漠、否认或不相信等本不该出现的情绪反应或是在矛盾冲突爆发前存在长时间的情

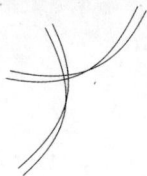

绪压抑。我们将这类情绪反应称为虚假情绪。例如 A 被诈骗,其好友告知真相,A 不愿相信自己被诈骗,反而质疑朋友的话。

第二阶段:真实反应期。当事人在经历虚假情绪期后,正确认识到事件的发生与结果,呈现出符合事件情节的情绪体验,例如感到激动、焦虑、痛苦和愤怒,也可能会有罪恶感、退缩或抑郁。比如被诈骗后对骗子的愤怒,面对亲人突然离世后的痛苦。

在经过虚假情绪期和真实反应期后,根据当事人的特点,可以将他们分为两种类型。第一种属于自我调节能力较强的个体,我们称之为自我解决型。他们能够慢慢自行缓解、消化这些不良情绪,解决这次危机引发的心理问题并成功应对危机,不需要他人对其实施心理危机干预的相关措施。第二种就是那些自我调节能力较弱的个体,我们称之为他人解决型。这些个体在危机中所受的心理冲击比较大,自己原有的防御机制、心理处理技能无法缓解情绪状态,此时我们就要对这些当事人进行心理危机干预,来帮助他们尽可能快地度过这次危机。

一般来说,进行危机干预时有以下几个基本原则需要遵循:

1. 迅速确定问题

迅速锁定问题所在,可以为更妥善地处理危机争取宝贵的时间。同时,准确了解危机发生的原因,可以更好地共情当事人的内心,理解当事人的痛苦所在,减少当事人接受他人干预的阻抗。

2. 邀请亲友协同干预

当事人的亲友是其最宝贵的社会支持,在危机发生后,第一时间通知其亲友,让他们的陪伴温暖当事人的内心,有利于后期干预的展开,也容易获得当事人的信任。

3. 提升个体自尊

通过言语、非言语反应,关注当事人自身积极资源,提高其自尊,激发其内在的力量,有助于干预的顺利开展。

4. 区别心理问题与疾病

有研究者认为危机持续过程不会太久,如亲人或朋友突然死亡的居丧反应一般在 6 个月内消失,否则应视为病态(张伯源,2005)。对于一般心理问题与心理疾病的处理是不一样的。如果严重程度已经达到了疾病的阶段,在危机紧急处理之后,需要及时邀请精神科专业医生参与诊断或直接转介医院来进行后期专业治疗。

三、大学生心理危机干预的目的

结合现有文献资料及高校心理危机的特点,我们将干预目的概括为以下几点:

(1)消除或缓解危机,避免当事人出现生命安全问题,如自寻短见或伤害他人;

(2)稳定并增强当事人的自主认同感,帮助当事人重拾信心,以客观积极的态度来看待当下的危机事件;

(3)提升认识和处理情绪的能力,使其处于一种愉悦、平和的情感体验中,抛开一些消极的、负面的情绪和想法;

(4)保障校园的安全稳定,防止出现危机行为的传染和舆论的胡乱散播。

总体来说,危机干预的目的在于保证大学生安全度过危机,保障其在校期间的健康与安全,使其更好地适应大学生活,同时增强其日后面对应激事件的抵抗能力,更好地适应社会。

四、心理危机干预与一般心理咨询的区别

有些人可能会认为心理危机干预是心理咨询的一种,但实际上两者

7

还是存在不少差别。心理咨询指运用心理学的方法,对心理适应方面出现问题并乞求解决问题的求询者提供心理援助的过程(林崇德,杨治良,黄希庭.心理学大辞典[M].上海:上海教育出版社,2003)。

而心理危机干预与心理咨询无论是在定义上,还是在处理原则、常见技术、基本流程以及主要对象上都存在一定的差别(如表 1-1 所示),了解这些差别可以帮助我们清楚地将心理危机干预与日常心理咨询工作区分开来,更好地把握危机干预的处理。

表 1-1　心理危机干预与心理咨询的区别

	心理咨询	心理危机干预
概念定义	指运用心理学的方法,对心理适应方面出现问题并乞求解决问题的求询者提供心理援助的过程	是指针对处于心理危机状态的个人及时给予适当的心理援助,使之尽快摆脱困难
处理原则	1. 保密性原则; 2. 理解与支持原则; 3. 积极心态培养原则; 4. 时间限定原则	1. 迅速确定要干预的问题; 2. 必须有其家人或朋友参与危机干预; 3. 鼓励自信,不要让当事者产生依赖性; 4. 把心理危机作为心理问题处理,而不要作为疾病进行处理
常见技术	1. 参与性技术:倾听、积极关注等; 2. 影响技术:面质、解释、自我暴露等; 3. 共情; 4. 消除阻抗	1. 心理急救; 2. 心理晤谈; 3. 认知矫正; 4. 放松训练

	心理咨询	心理危机干预
基本流程	1. 进入与定向阶段； 2. 问题探索阶段； 3. 目标与方案探讨阶段； 4. 行动/转变阶段； 5. 评估/结束阶段	1. 发生危机事件； 2. 赶赴现场，控制局面并通知与当事人有亲密关系的人； 3. 与当事人建立信任关系并提供心理援助； 4. 进行现状评估； 5. 后期处理
主要对象	心理健康但暂时陷入困扰的人群或存在心理问题的人群，它有别于健康人群，也和心理治疗的主要对象有所不同	受到常见的心理冲击，并存在较严重的心理反应及过激行为的当事人或求助者

第三节　心理危机干预九步晤谈法

尽管大学生的心理危机是多种多样、复杂多变的，也缺乏万能的或快速的解决方法，但危机干预者(高校里危机事件发生后，参与干预的救援者一般有学校各级领导、辅导员老师、班主任、心理咨询中心专职人员、保卫处、校医院医生和与当事人熟悉的朋友、同学以及当事人家长等)仍可以使用相对直接和有效的干预策略来处理危机。心理危机干预的晤谈技术侧重于通过积极、自然和有目的性的会谈，不断地评估、倾听和提供切实可行的支持，尽最大可能地帮助危机当事人的心理状态恢复到危机前的平衡状态、能动性和自主性。心理危机干预工作是一个系统工程。很多专业心理咨询工作者和其他相关工作人员如果没有接受过相应的培训或学习，要想在面对危机当事人时提供有效的建议，往往会

9

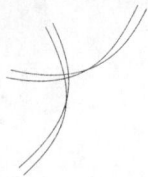

手足无措。因此,本指南根据心理咨询的一些基本原则和危机干预实际工作经验总结出九步晤谈法,把它作为危机干预的一般模型,贯穿于危机干预和问题解决的全过程,可作为专业咨询工作者和一般工作人员在进行危机干预具体操作时的参考性指导框架。需要特别指出的是,危机干预九步晤谈法的基础在于注重实效和环境,即要求危机干预者系统灵活地使用一些技术,而非机械式的生搬硬套,整个干预过程是自然流畅的。

在九步晤谈法的指导下,危机干预工作者可以把危机干预分为两个阶段,第一阶段为:①发现问题;②确定问题;③安抚情绪;④提供支持。该阶段主要以共情、真诚、尊重、不偏不倚和关心的态度进行倾听、观察、理解和做出回应为主,不需要过早地采取行为。第二阶段为:⑤探索方法;⑥制订计划;⑦得到承诺;⑧评估效果;⑨巩固效果。此阶段主要采用非指导性的、积极的应对方式,是整个干预过程的工作重点(具体流程见图1-1所示)。

第一步:发现问题。

由于大学生心理发展尚未完全成熟,不能深入、全面、准确地认识问题,加之其独立意识增强,即使面临心理危机也鲜有学生向辅导员或家长求助。因此,心理危机干预的第一步是,发现当事人在情感或行为上的异常表现。这些异常表现一般有以下特征:不符合当事人先前的行为模式,如一个原本作息正常、无不良嗜好的学生,现在每天睡12小时,每周喝5次酒;对自己或他人造成了困扰;情绪异常高涨或异常低落;学习能力下降;出现人际危机等。一旦辅导员或家长等危机干预者发现上述异常表现,应提高警惕,及时与当事人进行会谈。

第二步:确定问题。

以当事人的视角,确定和理解当事人本人所认识到的问题。如果干

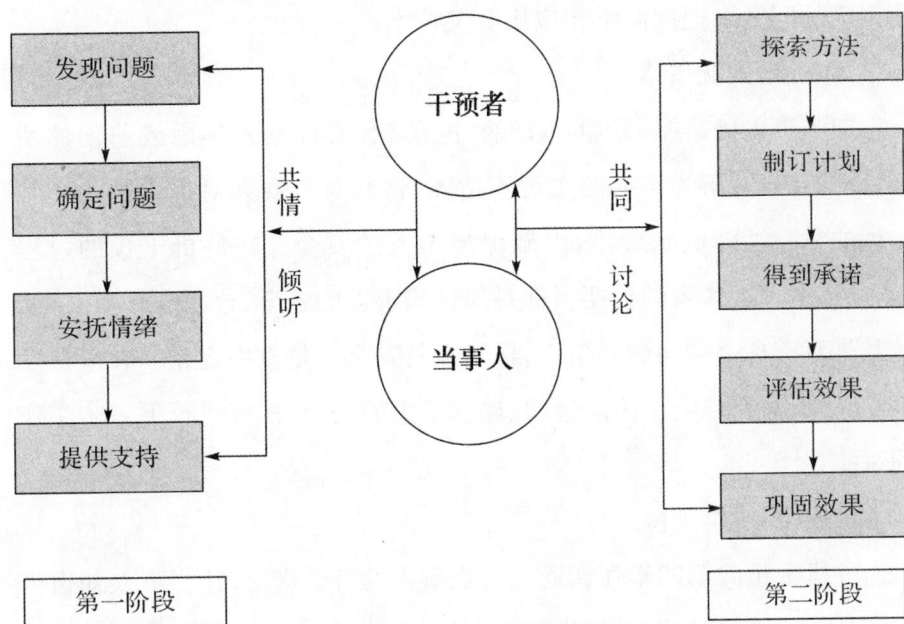

発现问题 → 确定问题 → 安抚情绪 → 提供支持

干预者 ↕ 当事人

共情　倾听

共同　讨论

探索方法 → 制订计划 → 得到承诺 → 评估效果 → 巩固效果

第一阶段

第二阶段

图 1-1　心理危机干预九步晤谈法流程图

预者所认识的危机境遇得不到求助者的认同,那么所应用的全部干预策略和付出的努力可能会因此失去重点,甚至对求助者而言没有任何价值。为了帮助确定危机问题,我们推荐,在干预开始的时候使用积极倾听技术,既注意求助者的言语信息,也关注其非言语信息,以帮助我们更好地完成危机干预的第一步。准确和良好的倾听技术是危机干预所必需的,实际上有时仅仅倾听就可以帮助当事人。尤其是在面对具有较高文化素质和自我认识能力的大学生群体时,更应如此。另外,处于危机中的当事人,容易把参与干预的老师们当作违反自己意志的敌对者,抱以极大的不信任感。干预者通过言行,给予当事人足够的共情、积极关注和尊重,与当事人建立相互信任的关系,迅速确定当下危机的属性和引发的原因是很有必要的。在整个危机干预过程中,工作人员应该围绕

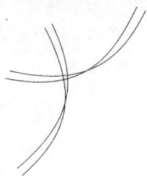

所确定的问题来把握倾听和应用有关技术。

第三步：安抚情绪。

向当事人传达"一切都会好的"的信念，安抚其或焦虑或悲伤的情绪，目的在于缓解当事人的主观不适感，将其对自我和对他人的生理和心理的危险性降低到最小，以确保当事人的安全。在危机干预的过程中，危机干预工作者的首要目标是保证当事人的安全，这是非常重要的。尤其是对有自杀倾向的学生而言，确保其安全更是重中之重。在危机发生的时候，只有稳定学生的情绪、确保学生的安全，才有进行下一步工作的可能。

第四步：提供支持。

危机干预的第四步强调通过与当事人的言语交流，让当事人知道干预者是能够给予其关心、帮助的人，是一个可靠的支持者。干预者不要去评价当事人的经历与感受是否值得称赞，而是应该提供这样一种机会，允许当事人做好自己，有自己的感受、想法、情绪和行为，让当事人相信"这里有一个人确实很关心你"。干预者必须无条件地以积极的方式接纳当事人，理解当事人，不在乎任何回报。

第五步：探索方法。

在多数情况下，面临危机的当事人处于思维不灵活的状态，不能恰当地判断什么是最佳的选择，需要干预者陪同当事人共同讨论探索和验证可选择的应对方法。有些处于危机中的当事人甚至绝望地认为自己已经无路可走。危机干预的第五步侧重于让当事人明白，其实还存在许多适当的方法和资源可供其选择。

在这一步中，干预者有效的工作应该能帮助当事人认识到，在这个世界上，还有许多可变通的应对方式可供选择，其中有些选择比原来的选择更为适宜，让当事人看到生活的希望。干预者可尝试通过以下角度向当事人开展干预工作:①让当事人看到被忽略的社会支持:当事人知道有哪些人现在或过去一直在关心着自己;②讨论可用的应对机制:与当事人讨论可以用来战胜目前危机的有效行为或有利资源、解决问题的可行方案等;③采取积极的、建设性的思维方式,通过改变自己对问题的认知评价来减轻应激与焦虑程度。从这三个角度客观地评价各种可选择的应对方式,在一定程度上给予深陷绝望之中的当事人极大的支持。

虽然干预者可以考虑许多可变通的方式来应对当事人的心理危机,但只需与当事人讨论能解决其现实问题的几种。过多的信息或者选择会增加当事人的认知负担,扰乱其思绪,使其更加焦虑或悲伤。

第六步:制订计划。

危机干预的第六步是制订计划,该计划包括:①确定能获得有效支持的资源,即确定能够提供及时的支持的个人、组织团体和有关机构;②提供并讨论有效的应对机制——与当事人探讨愿意采用的、积极的应对机制,确保当事人能够理解和把握所讨论的行动步骤。根据当事人的应对能力,计划应着重于帮助当事人解决问题,也可提供一些实用技术,如放松技术等,帮助当事人缓解负性情绪。

计划的制订应该与当事人合作,让当事人感到这是他们自己愿意执行的计划,他们得到了权力、独立性和自尊,体验到了较强的自我控制感。有些当事人往往过分地关注于解决自己的危机而忽略了自身有限的能力,他们会顺从干预者的计划,甚至会认为将计划强加给他们是应该的。因此,在这一步里,关键是要明确当事人实施计划的目的是为了恢复他们的自制力和自控感,而不是依赖于干预者。

第七步:得到承诺。

如果制订计划这一步进行得较为顺利,那么完成得到承诺这一步也会畅通无阻。在多数情况下,承诺这一步形式比较简单,即让当事人复

第
一
章

心
理
危
机
预
防
与
干
预
概
论

述一下计划,如:"现在我们已经讨论了你计划要做什么,下一步就要看你如何表达自己的愤怒情绪。你能不能跟我讲一下你将采取哪些行动,以保证你不会大发脾气,避免危机的升级。"干预者应注意,其他帮助的步骤和诸如评估、保证安全、给予支持的技术始终贯穿于第七步中。在结束危机干预前,干预者应该从当事人那里得到诚实、直接和适当的承诺。然后,用理解、同情和支持的方式来询问、检查、核实当事人的承诺。因此,倾听技术在这一步骤也很重要。

第八步:评估效果。

评估内容包括两部分:当事人的满意度,包括对干预者和整个干预过程的满意程度;干预结果的显著性,即当事人的心理危机处理能力有无显著提升,心理状态有无恢复到危机发生前的正常水平。一般而言,干预者可对当事人进行追踪调查,观察记录当事人在一段时间内的情绪与行为表现,以确保当事人按计划实践承诺,并及时发现计划的不足予以改进。

第九步:巩固效果。

在当事人成功应对心理危机,恢复正常心理状态后,干预者应对当事人的成功改变进行内归因,如"你能成功走出过去的悲伤,很大程度上依赖于你自己良好的领悟能力和不懈付出的努力,你真的很棒",有利于干预效果的维持和强化,也有利于学生重拾信心面对未来的生活和危机。

第四节　对危机干预中不合作的当事人访谈时的注意点

对于不愿意谈太多的当事人,干预者不能急着逼问其做出危险行为的原因,而是需要一定的灵活性、创造性和敏感性,促使当事人以某种形式参与访谈。

一、就地取材,因地制宜

以当事人当前的状态作为切入点,对当事人想谈的内容表示出兴趣,调整自己的方法和风格以适应当事人的特点。比如,对于一个说话比较随意的当事人,干预者营造随意的访谈氛围要好于严格结构化的访谈风格。假设当事人原本性格很开朗,当前处于失恋的危机中,班主任与其谈话:

班主任(干预者):我想你此刻一定很难过,是什么原因让我们班以往的"开心果"暂时没了能量,需要罢工补充一下能源呢?愿意跟老师说说吗?

二、即时起效,对其有用

先做一些事情,让当事人觉得干预者对他真的有帮助,可增加当事人对干预者的信任感。比如,在征得当事人同意的情况下,给其递水、买食物,或者教其呼吸、冥想等方法以稳定情绪,放松身体。假设干预者经过前期的一些工作已经与当事人建立了一定的合作关系,但当事人还是不愿意多谈,那么干预者可以陪着他一起做点放松训练:

干预者:我猜想你此刻情绪还是有点波动,老师这里有套不错的放松方法,你愿意跟着老师一起试试吗?也许能让此刻的你稍微舒服一点。

当事人:……(犹豫地点头表示同意)

干预者:(教授当事人放松技术)

……

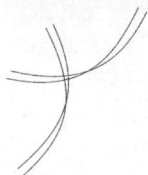

干预者:此刻你感觉怎么样?

当事人:嗯,舒服一点了。谢谢老师!

三、重获控制,感受尊重

干预者通过合适的语言和行为让当事人感到更有控制感,在询问时给出适当的选择,由当事人来做决定。比如,干预者可以就是否愿意离开当前的环境询问当事人的意见。重新协商彼此的约定,充分尊重当事人的意愿,让其感受到被无条件地接纳和尊重。比如干预者意图让当事人离开危险的环境:

干预者:这个地方风有点大,似乎不太适合谈话,不知道你是否愿意我们换一个更温暖的地方进行交流呢?(一定要根据实际情况来指出此环境的不利之处)

当事人:好的。

(如果当事人表示不愿意)

当事人:不想动(或者干脆以沉默来表示拒绝)。

干预者:嗯,没有关系,如果你觉得不想动,那我们就还是在这里。我相信你有你的理由,我愿意陪着你。

小贴士 1：危急时刻稳定自杀者情绪的沟通方法

在与有自杀倾向的同学谈话而又没有其他心理卫生专业人士在场协助时，你可以遵照以下方式进行：

1. 保持冷静，耐心倾听。让他谈谈自己内心的感受；要接纳他，不对他做任何评判。

2. 不要试图说服他改变自己的感受。

3. 询问他是否有自杀的想法时，可以询问：

"你是否感觉很痛苦，以至于想结束自己的生命？"

"有时候一个人经历非常困难的事情时，他们会有结束生命的想法。你有那种感觉吗？"

"听到你的这些话，我很疑惑，不知道你是否有自杀的想法？"

而不要这样问："你没有自杀的想法，是吧？"

4. 相信他所说的话，任何自杀迹象均应认真对待。

5. 不要答应对他的自杀想法给予保密。要及时将他的情况汇报给老师，以便在老师的帮助下及时采取应对措施。

6. 让他相信别人是可以给他帮助的，并鼓励他寻求他人的帮助和支持，如：去心理咨询中心求助。

7. 如果你认为他有随时自杀的危险，要立即采取措施：不要让他独处，去除自杀的危险物品，或将他转移至安全的地方，陪他去心理咨询机构寻求专业人员的帮助。如果自杀行为已经发生，你必须马上给医院或救助中心打电话，不可有丝毫犹豫。

（蔺桂瑞，2013）

17

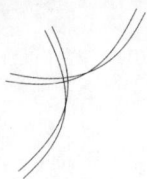

第二章　大学生心理疾病引发危机的干预

人们在遭遇一些挫折后容易产生心理困扰甚至诱发心理疾病。大学生由于正处于青年早期,处于中学青少年向社会成年人的过渡阶段,认知和情绪都还不稳定。很多人在大学期间会经历学习、恋爱、人际等方面的冲突,由于中学期间的经验无法全面应对这些冲突而变得焦虑、自我否定,情绪累积到一定程度没有得到及时疏导,可能会引发心理危机。《中华人民共和国精神卫生法》第二十三条明确规定:"心理咨询人员不得从事心理治疗或者精神障碍的诊断、治疗。心理咨询人员发现接受咨询的人员可能患有精神障碍的,应当建议其到符合本法规定的医疗机构就诊。"因此,校园内如发现因心理疾病或疑似精神障碍引发的危机情况,必须将当事人转介专业的医疗机构进行诊断和治疗。可见,第一时间识别这些疾病,判断当事人的状况属于严重的心理疾病还是一般心理问题,是否需要转介医院治疗,是处理此类危机的首要任务。本章将重点介绍高校内因心理疾病引发危机的常见干预流程和大学生常见心理疾病的症状表现、诊断标准以及所获启示,帮助大家更好地进行识别和判断。

第一节　因心理疾病引发危机的常见干预流程

对于心理疾病引发的危机个案,学校的工作重点主要放在当事人的症状识别与对是否需要转介医院做出初步评估,常见的干预流程如下:

1. 尽早发现

关注当事人言语上或行为上的征兆，识别疾病线索，如有无幻觉、妄想等症状；有无情绪极其低落、社会功能明显受损等现象。日常加强心理委员、班长等学生干部的危机意识，要求他们发现异常立即报告。

2. 及时报告

把当事人当前的心理状态、发现的经过等基本情况，第一时间上报学院学工副书记、其他相关领导及校心理咨询中心。

3. 紧急预案

根据心理危机的严重程度，成立不同级别的危机干预处理领导小组，作为危机处理的指挥中心，协调校内各种可用资源，形成紧急预案。一般的危机处理由学工部和学院相关领导作为干预领导小组的主要成员，以学院和学校心理咨询中心共同干预处理为主。涉及有生命危险或重大伤人情况的危机，升级危机干预小组的级别，由学校相关领导担任危机干预小组总指挥，由校、院两级多部门协调处理为主要形式，更大范围地联络校内外各方资源，比如附近属地的公安机关等职能部门。

4. 初步评估

对照常见心理疾病的诊断标准，初步判断是否为心理疾病；如果没有把握，可以邀请学校心理咨询中心的专职老师协助评估。

一些心理疾病发作时，会伴有幻觉。幻觉是指人们感知到的虚假感觉，可以视觉、听觉、嗅觉、味觉和触觉来呈现。幻听是最常见的一种幻觉。干预者可以通过一些话语的询问来确定当事人是否存在幻觉等症状。

> 干预者：我接下来要询问一些你曾经经历过的或正在感受到的体验。某些问题可能听起来很奇怪，可能有些问题或体验

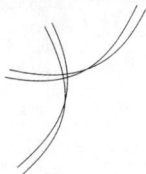

符合你的经历。

当事人:好的。

干预者:有些时候我们的感觉好像会特别灵敏,会听到一些特别的声音。你是否曾经觉得好像有声音在对你说话,但你周围的同学都说没有听到?

当事人:嗯,有时候我在电脑前坐着,就会听到楼下有人笑话我的声音,而且很刺耳,但舍友们不相信我,非说没有听到。

(当事人宿舍住六楼)

5. 通知家长

及时联系家长,保持家校互动顺畅。

(1)向家长第一时间告知危机现场的情况,争取他们尽快赶赴学校,与家长的通话过程全程录音。到校之后,尽快陪同家长送当事人到医院诊断。

(2)如果碰到家长不配合,不愿意来校,又面临学生情况特别不稳定,存在自杀或伤人的风险,需把当事人有可能出现的严重情况告知家长,并把谈话过程录音备查,同时求助于公安机关,由110民警负责送往医院就诊。

6. 做好监护

在家长到达之前,保护好当事人的安全。

(1)学院负责看护当事人,至少要保证有两人同时在场,看护的人最好是学生熟悉并信任的人员。

(2)如果需要过夜,努力劝说当事人移居到宾馆1楼或2楼房间(高层防止跳楼行为),由两名以上辅导员或学生干部陪护,至少保证一名教师在场。

7. 劝慰家长

家长到达后,详细告知其学生情况,并介绍有关心理疾病或自杀的相关知识,消除家长对心理疾病的恐惧、否认和排斥,晓之以理,动之以情,引导其尽快安排学生就医并配合学校做好相关工作。在此过程中,学院可以帮其安排住宿等生活事项,免其后顾之忧,同时表达学校的人文关怀。

8. 转介医院

对于初步评估为疑似心理疾病的当事人,要做好以下事项:

(1)要及时在家人陪同下转介精神专科医院进行诊断;

(2)如果因特殊情况家长不能陪同,在获得家长授权的情况下,暂时由当事人所在学院辅导员陪同就医;

(3)无论谁陪同去医院就医,都要及时了解医生对学生病情的诊断并反馈学校,病历上医生对学生的诊断说明需复印一份留存学院;

(4)对于坚决不愿送学生去医院就诊的家长,要进行耐心的解释、劝说,说明利害关系,争取其改变主意;如果劝说实在无效,家长一定要求学生继续上学,学院可以要求家长陪读,并就校方和家长责任签订一份协议书,明确彼此责任和义务。

(5)对于医生明确建议住院的当事人,辅导员老师要劝说家长同意安排学生住院或休学回家治疗。

9. 签订告知书

在获得医生诊断结果后,和家长协商是否让当事人继续留校学习。视病情严重程度,选择请假或休学的处理。如果家长不愿配合学院的处理,可以要求家长签订《告知书》(具体内容见第三章),学院以书面形式告知家长,当事人病情的危险程度、医生的建议与不配合医生建议可能会出现的严重后果以及家长应承担的责任,明确彼此的义务。在撰写

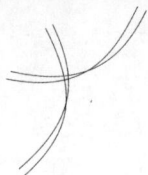

《告知书》的时候，请注意措词，要让家长感受到学校对学生的关心，不要让家长产生学校推卸责任的误解。

> **小贴士 2：对于不配合的家长，还可以告知其法律规定的义务**
>
> 《中华人民共和国精神卫生法》第三十五条规定："再次诊断结论或者鉴定报告表明，精神障碍者有本法第三十条第二款第二项情形的，其监护人应当同意对患者实施住院治疗。监护人阻碍实施住院或者患者擅自脱离住院治疗的，可以由公安机关协助医疗机构采取措施对患者实施住院治疗。"（第三十条第二款：已经发生危害他人安全的行为，或者有危害他人安全的危险的。）
>
> 第七十九条规定："医疗机构出具的诊断结果表明精神障碍者应当住院治疗而其监护人拒绝，致使患者造成他人人身、财产损害的，或者患者有其他造成他人人身、财产损害情形的，其监护人依法承担民事责任。"
>
> 第四十九条规定："精神障碍患者的监护人应当妥善看护未住院治疗的患者，按照医嘱督促其按时服药、接受随访或治疗。"

10. 咨询辅助

对于医生建议可以服药在校坚持学习的当事人，学院要帮其在咨询中心预约长期咨询或者安排学院勤工助学岗位，让相关老师可以定期观察学生的情绪变化，万一病情反复，可以及早发现。

11. 核查复学

对心理疾病康复后提出复学的当事人，要求出具三甲以上精神专科医院医生的诊断证明，需注明"证明该生已康复，可以复学"等字样，方可办理复学手续。

22

12. **持续关注**

(1)对于曾经处于危机状况的当事人：无论是否危机已经过去，辅导员老师都需定期关注并给予关怀，提醒当事人定期到医院复诊，并安排学生干部定期汇报其当前情况，协助其解决实际困难，减轻其因学习、生活上的现实困难造成的心理压力。

(2)对于当事人周围的同学：要了解他们对当事人病情的看法，做好安慰和疏导工作，防止他们因缺乏科学的精神卫生知识而对当事人产生歧视，或产生不必要的焦虑、紧张情绪，为康复后回校的当事人提供良好的学习生活环境。

整个过程如图 2-1 所示。

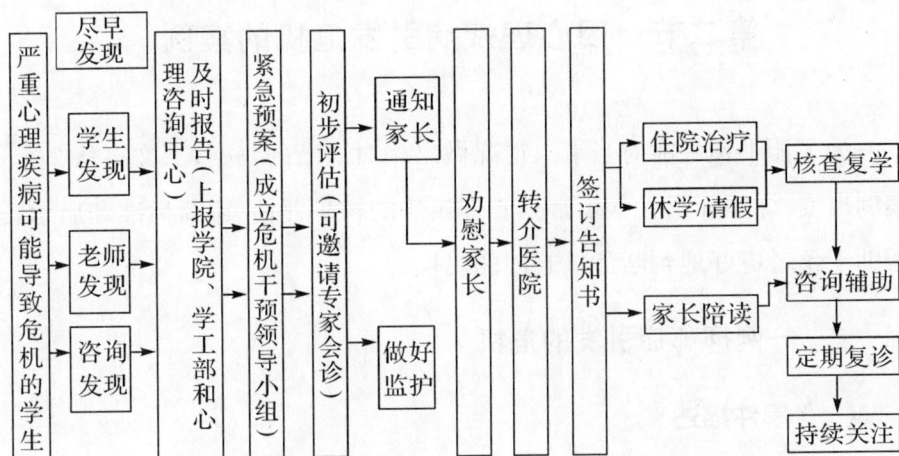

图 2-1　心理疾病诱发危机情况的干预流程图

在整个干预过程中，干预者还要做到有礼有节，尤其要注意遵守新颁布的《中华人民共和国精神卫生法》中有关当事人病情诊断的相关规定。即使情况比较紧急，干预者也一定要清楚自己对当事人所采取的措施是否合法，哪怕对当事人的病情已经有了十足的把握，在没有医生诊

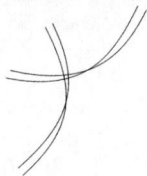

断结果的情况下,也不可以跟家长直接下结论,以免造成不必要的法律纠纷。

小贴士3:心理咨询人员的职责

《中华人民共和国精神卫生法》第二十三条明确指出:心理咨询人员不得从事心理治疗或精神障碍的诊断、治疗。心理咨询人员发现接受咨询的人员可能患有精神障碍的,应当建议其到符合本法规定的医疗机构就诊。

第二节　因心理疾病引发危机的案例

为了让干预者能对当事人情况做出相对清晰的判断,下文将从9个案例出发,详细介绍大学生常见心理疾病的初步评估、诊断标准和启示,帮助干预者更好地判断危机起因的属性。

一、一例抑郁症引发的危机

(一)事件描述

小李,女,大三在读。从小衣食无忧,生活富裕,但由于父母工作较忙,小李从小由住在乡下的奶奶抚养长大。奶奶特别疼爱小李,几乎满足她的所有要求。父母则定期到奶奶家探望,每次都带来好多礼物和零花钱。由于这些原因,小李受到了身边很多同学的羡慕,经常成为周围孩子们的中心。小李上中学时,奶奶病逝,父母把她接回身边。回家后父母格外溺爱小李,逐渐养成了其自我中心、争强好胜的性格。

刚入大学时，小李因为离开熟悉的环境而显得有些茫然，但仍然能够积极投入大学生活，参与各类学生活动。可惜结果都差强人意，比如参加学生干部竞选失败，参加学校的十佳歌手比赛败北，参加学院的辩论比赛出错导致所在小组失利。面对接踵而来的失败，一向养尊处优的小李不知所措，对自己越来越没有信心，但骄傲的她又放不下面子。她开始会为了一些小事而情绪剧烈波动，与室友原本的和睦关系也因其争强好胜的个性和阴晴不定的情绪而变得岌岌可危。小李开始怀疑同学们在背后诋毁她，每次与同学的沟通都充满了敌意。于是干脆就把自己的心"封闭"起来，孤独的感觉成为了内心的主旋律。随着时间的流逝，小李晚上开始做起了噩梦，睡眠出现了问题，白天的精神状态也不好。脾气越来越差，常常动不动就发火，很难控制自己的情绪。

大二时，小李表现出精神萎靡，情绪低落，常常处在一种神游的状态，反应逐渐变得迟钝，对自我产生了强烈的否定感，缺乏生活热情，对任何事物都没兴趣，各类活动都找借口推脱。原本优异的学习成绩一落千丈。虽然小李多次尝试努力，但往往不由自主地感到学习没意思，对学习失去兴趣，看书效率极其低下，最后竟然连日常上课都不去了，经常躺在床上发呆或叹气。

小李在高中时有一男友。在大一时，小李觉得高中的爱情太幼稚而向对方提出分手，对方不同意，小李也就没有坚持分手。大二时，对方突然向小李提出分手，小李觉得难以接受。她觉得即使是分手也应该如同大一时那样由自己提出，对方怎么有"资格"提出分手？小李感到了强烈的无助和绝望，认为自己

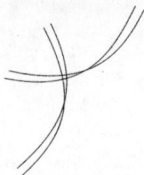

的自尊被践踏了。

面对学习、人际关系、生活等多方面的困境,小李自述"感到强烈的压抑,没有办法发泄也没有办法逃离,我不知道如何面对我的父母,我不知道我在这里还有什么意义,我不知道我接下来还能干什么",小李想到了死。经过一段时间的内心挣扎,她买了一瓶安眠药,吃下去后就躺在床上睡了过去。后被寝室同学发现送去医院,经过抢救小李才脱离危险。

(二)初步评估

抑郁症,又称抑郁性障碍、忧郁症或忧郁性障碍,是一类以抑郁心境为主要特点的情感障碍(Barlow,Durand,2006)。抑郁症以明显持久的心境低落为主要临床特征,包括"长时间持续的抑郁情绪,并且这种情绪明显超过必要的限度,缺乏自信,感到身体能量的明显降低,无法在任何有趣的活动中体会到快乐"(Barlow,Durand,2006)。抑郁症可分为重性抑郁障碍、心境恶劣障碍或季节性情绪失调等。重性抑郁障碍最为常见,因此有时也将重性抑郁障碍简称为"抑郁症"。抑郁症还可能会造成患者躯体功能失调,如失眠、食欲减退或头疼头晕,但不会引起躁狂发作。如果出现躁狂症状,我们就要考虑其另一类心理疾病——双相障碍(First,1994)。

需要注意的是,当抑郁的症状出现的时候,并不意味着来访者患上了抑郁症。对抑郁性障碍的诊断一般由专业医生按照国际或我国有关抑郁症的诊断标准进行。此外,我们一般还须排除其他引发相似症状的生理心理疾病。目前国际上通用的诊断标准是 ICD-10 和 DSM-IV,国内主要采用 ICD-10 和 CCMD-3。

接下来,我们首先展示四个抑郁症的典型症状表现,以供干预者及早发现、评估可能存在的抑郁症患者,方便转介,以免耽误病程。

第一，心境低落。

抑郁症以心境低落为主。当心境低落刚出现时，患者可能感到闷闷不乐、兴趣减退；当发展到后期，患者可能会感到自身的存在没有价值、没有意义，感到自卑绝望、度日如年、生不如死。典型抑郁症患者的抑郁心境有晨重夜轻的节律变化，这被称为"向日葵效应"，起因是患者感到漫长而无意义的一天将十分难以度过，从而产生悲观抑郁情绪。抑郁症的核心表现是抑郁心境，可伴有悲痛欲绝，木僵，焦虑，运动性激越，自杀企图或自杀行为，自我评价降低，无用、无助和无价值感，自责感，自罪感和疑病妄想等心理表现，部分患者甚至会出现幻觉。

第二，意志活动减退。

患者意志活动呈显著持久的抑制。临床表现为行为迟滞，生活被动，回避工作，回避社交，偏好闭门独居；或者不顾生理需要，甚至"不语、不动、不食"，称为"抑郁性木僵"，但精神检查仍流露痛苦和抑郁情绪。严重的抑郁症患者常伴有消极悲观的思想，自责自罪和缺乏自信，认为"自己拖累了这个世界"，并萌发自杀企图，或者进一步发展成自杀行为。

第三，认知功能损害。

抑郁症患者存在认知功能损害，主要表现为思维迟缓，抽象思维能力差，学习困难，注意障碍，近事（一般认为 2 天）记忆下降，反应迟钝，主动言语减少，语速明显减慢，声音低沉压抑，语言流畅性差，交流困难，过分警觉，空间知觉、手眼协调等能力的减退。认知功能的损害会导致患者社会功能的障碍，而且会影响患者愈后的生活，这也是抑郁症患者终身患病的一个重要影响因素。

第四，躯体症状。

主要有睡眠障碍，进食障碍，无力等（Barlow, et al., 2006）。其中睡眠障碍是抑郁发作的特征表现之一，主要表现为比平时早醒 2～3 小

时,醒后不能再入睡;或者表现为入睡困难,睡眠不深;少数患者表现为睡眠增加和睡眠过多。

最后,当我们评估判断来访者是否罹患抑郁症时,还应当排除身体和药物所致的抑郁情况。评估标准如小贴士4所示。

根据CCMD-3的诊断标准,小李的表现符合9项诊断标准中的6项:(1)兴趣丧失、无愉快感(……缺乏生活热情,对任何事物都不积极,本来要参加的各类活动都找借口推脱……);(2)精力减退或疲乏感(……小李表现出精神萎靡……);(3)精神运动性迟滞或激越(……常常处在一种神游的状态,反应逐渐变得迟钝……);(4)自我评价过低、自责,或有内疚感(……对自我产生了不自信的感觉……对自我产生了强烈的否定感……);(5)反复出现想死的念头或有自杀、自伤行为(……小李想到了死。她买了一瓶安眠药,吃下去后就躺在床上睡了过去……);(6)睡眠障碍,如失眠、早醒,或睡眠过多(……晚上开始做起了噩梦,睡眠出现了问题……)。

接下来判断小李抑郁症状的严重程度。目前已知小李因为抑郁出现社会功能受损(……缺乏生活热情……活动都找借口推脱……不去上课)和给本人造成痛苦或不良后果(……学习成绩一落千丈……想到了死并服下了安眠药……),由此可见小李的抑郁程度不轻。

继续判断小李的病程,小李的病程符合症状标准和严重标准持续2周(大一到大二),并且未出现精神分裂的症状,因此可以初步评估其为疑似抑郁症患者,最终的结论需要精神科医生来诊断给出。

小贴士 4：抑郁症评估标准（CCMD-3）

抑郁发作以心境低落为主，与其处境不相称，可以从闷闷不乐到悲痛欲绝，甚至发生木僵。严重者可出现幻觉、妄想等精神性症状。某些病例的焦虑与运动性激越很显著。

【症状标准】以心境低落为主，并至少有下列 4 项：

1. 兴趣丧失、无愉快感；

2. 精力减退或疲乏感；

3. 精神运动性迟滞或激越；

4. 自我评价过低、自责，或有内疚感；

5. 联想困难或自觉思考能力下降；

6. 反复出现想死的念头或有自杀、自伤行为；

7. 睡眠障碍，如失眠、早醒，或睡眠过多；

8. 食欲降低或体重明显减轻；

9. 性欲减退。

【严重标准】社会功能受损，给本人造成痛苦或不良后果。

【病程标准】

1. 符合症状标准和严重标准至少已持续 2 周；

2. 可存在某些分裂性症状，但不符合分裂症的诊断。若同时符合分裂症的症状标准，在分裂症状缓解后，满足抑郁发作标准至少 2 周。

【排除标准】排除器质性精神障碍或精神活性物质和非成瘾物质所致抑郁。

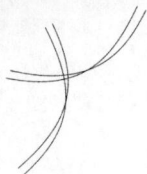

（三）启　示

中国大学生被称为"天之骄子"。他们在高中时赢得不少鲜花和掌声,满怀自信和对未来的期待迈进大学的校门。当他们面对第一次离家独立生活的压力时,开始出现若干不适应。如果再遭遇一些挫折,抗压能力弱的个体就容易出现抑郁症状。在抑郁症状最开始出现的时候,如果周围的老师和同学能及早介入,就可以有效地阻止症状恶化,减少当事人的痛苦,挽回不必要的损失。在中国,抑郁症的终身患病率约为6%(石其昌等,2005)。抑郁症造成的痛苦会极大地降低他们的生活质量,使其终日生活在痛苦之中,因此对于大学生来说,如果能早发现、早干预、早治疗,就会改变他们的一生。

对于抑郁症,我们还要警惕的是当事人的自杀行为。有研究表明,大约有3.4%的抑郁症患者会实施自杀行为(Blair-West & Mellsop,2001)。由于大多数确诊为抑郁症的大学生不愿接受住院治疗,很多人会选择家长陪读的方式,一边服药一边继续学业。根据上文提到的"向日葵效应",早晨是自杀的高峰期,这需要我们在这个阶段对当事人格外关注。我们需要嘱咐监护人关注当事人在早晨的异常行为。

抑郁症刚开始治疗时也是自杀率较高的时段。由于刚开始治疗不久,抗抑郁药物的有效作用还没有完全体现,而副作用却很明显,患者往往会产生治疗无望的想法而更加绝望。这时候,干预者需要给当事人积极的鼓励,给他一些有关药物治疗抑郁症的科普资料,说明药物治疗的规律,帮助患病的大学生增强治愈的信心,给予其生的希望,减少自杀行为。

当医生确诊某个学生患了抑郁症,在症状完全缓解后还可能会复发(Eaton, et al., 2008)。因此,在医生判断当事人初步康复后,危机干预的持续关注环节不能放松,可以通过协调各种资源,尽可能地为当事人创造相对轻松温暖的外围环境,预防再次出现危机。

~~~~~~

测一测:SDS 抑郁自评量表

心理学家开发了不少量表用于评估人们的抑郁水平,常见的有 SDS 抑郁自评量表、汉密尔顿抑郁量表、贝克抑郁量表等。干预者也可以借用这些量表更准确地评估当事人的情绪状态。你如果有兴趣的话,不妨可以试试以下的 SDS 抑郁自评量表,评估一下自己当前的抑郁程度吧!

SDS 抑郁自评量表

本评定量表共有 20 个题目,分别列出了有些人可能会有的问题。请仔细阅读每一条目,然后根据最近一星期以内你的实际感受,选择一个与你的情况最相符的答案填在括号内。A 表示没有该项症状,B 表示小部分时间有该症状,C 表示相当多的时间有该症状,D 表示绝大部分时间或全部时间有该症状。

请你不要有所顾忌,应该根据自己的真实体验和实际情况来回答,不要花费太多的时间去思考,顺其自然,根据第一印象做出判断。

1. 我觉得闷闷不乐,情绪低沉。　　　　　　　　　(　　)

   A. 很少　B. 小部分时间　C. 相当多的时间　D. 绝大部分时间

2. 我觉得一天之中早晨最好。　　　　　　　　　(　　)

   A. 很少　B. 小部分时间　C. 相当多的时间　D. 绝大部分时间

3. 我一阵阵哭出来或觉得想哭。　　　　　　　　(　　)

   A. 很少　B. 小部分时间　C. 相当多的时间　D. 绝大部分时间

4. 我晚上睡眠不好。　　　　　　　　　　　　　(　　)

   A. 很少　B. 小部分时间　C. 相当多的时间　D. 绝大部分时间

5. 我吃得跟平常一样多。　　　　　　　　　　　　　（　　）

　　A. 很少　B. 小部分时间　C. 相当多的时间　D. 绝大部分时间

6. 我与异性密切接触时和以往一样感到愉快。　　　　（　　）

　　A. 很少　B. 小部分时间　C. 相当多的时间　D. 绝大部分时间

7. 我发觉我的体重在下降。　　　　　　　　　　　　（　　）

　　A. 很少　B. 小部分时间　C. 相当多的时间　D. 绝大部分时间

8. 我有便秘的苦恼。　　　　　　　　　　　　　　　（　　）

　　A. 很少　B. 小部分时间　C. 相当多的时间　D. 绝大部分时间

9. 我心跳比平时快。　　　　　　　　　　　　　　　（　　）

　　A. 很少　B. 小部分时间　C. 相当多的时间　D. 绝大部分时间

10. 我无缘无故地感到疲乏。　　　　　　　　　　　　（　　）

　　A. 很少　B. 小部分时间　C. 相当多的时间　D. 绝大部分时间

11. 我的头脑跟平常一样清楚。　　　　　　　　　　　（　　）

　　A. 很少　B. 小部分时间　C. 相当多的时间　D. 绝大部分时间

12. 我觉得经常做的事情并没有困难。　　　　　　　　（　　）

　　A. 很少　B. 小部分时间　C. 相当多的时间　D. 绝大部分时间

13. 我觉得不安而平静不下来。　　　　　　　　　　　（　　）

　　A. 很少　B. 小部分时间　C. 相当多的时间　D. 绝大部分时间

14. 我对将来抱有希望。　　　　　　　　　　　　　　（　　）

　　A. 很少　B. 小部分时间　C. 相当多的时间　D. 绝大部分时间

15. 我比平常容易生气激动。　　　　　　　　　　　　（　　）

　　A. 很少　B. 小部分时间　C. 相当多的时间　D. 绝大部分时间

16. 我觉得作出决定是容易的。　　　　　　　　　　　（　　）

　　A. 很少　B. 小部分时间　C. 相当多的时间　D. 绝大部分时间

17. 我觉得自己是个有用的人,有人需要我。　　　　　　（　　）

　　A. 很少　B. 小部分时间　　C. 相当多的时间　　D. 绝大部分时间

18. 我的生活过得很有意思。　　　　　　　　　　　　（　　）

　　A. 很少　B. 小部分时间　　C. 相当多的时间　　D. 绝大部分时间

19. 我认为如果我死了别人会生活得好些。　　　　　　（　　）

　　A. 很少　B. 小部分时间　　C. 相当多的时间　　D. 绝大部分时间

20. 平常感兴趣的事我仍然感兴趣。　　　　　　　　　（　　）

　　A. 很少　B. 小部分时间　　C. 相当多的时间　　D. 绝大部分时间

计分:正向计分题 A、B、C、D 按 1、2、3、4 分计;反向计分题按 4、3、2、1 计分。反向计分题号:2、5、6、11、12、14、16、17、18、20。

总分乘以 1.25 再四舍五入取整数即得标准分,标准分分数越高,表示这方面的症状越严重。一般来说,中国常模标准分低于 53 分者为正常,标准分大于等于 53 分且小于 62 分为轻微至轻度抑郁,标准分大于等于 63 分且小于 72 分为中度抑郁,标准分大于等于 72 分为重度抑郁。

❧❧❧

推荐书籍:

1. [美]奥康纳. 走出抑郁——让药物和心理治疗更有效. 第 2 版. 张荣华译. 北京:中国轻工业出版社,2014

2. [美]卢斯亚尼. 自我训练:改变焦虑和抑郁的习惯. 曾早垒译. 重庆:重庆大学出版社,2012

3. [美]约翰斯顿夫妇. 我的那条叫做"抑郁症"的黑狗——与抑郁症相伴的日子. 韩焱译. 北京:中国人民大学出版社,2009

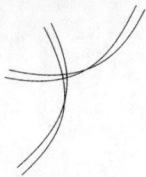

4. ［美］伯恩斯.抑郁情绪调节手册：十天改善你的自尊.汤臻等译.北京：中国轻工业出版社，2006

二、一例躁狂发作引发的危机

（一）事件描述

芳芳今年 19 岁，是一名大二学生，从小品学兼优，以高分考入现在的大学。她平时在课堂上积极发言，思维敏捷，是老师眼中的宠儿，同学眼中的"学霸"。但最近芳芳的室友却反映其在寝室中表现异常，已经严重影响到了同寝室室友的生活作息，从而导致寝室关系变得紧张，矛盾丛生。芳芳的主要异常表现是在晚上 24 点左右，突然精神亢奋，情绪高涨，要求室友跟她一起谈论某个话题。如果室友强打起精神陪她聊天，又根本听不懂她的话，一旦室友拒绝陪她聊天，芳芳的情绪就会变得异常暴躁，轻则口出恶言，在寝室来回踱步，重则以砸东西的方式来表达愤怒。室友实在忍受不了芳芳的异常行为，就向辅导员反映了这一情况。

辅导员找到芳芳，与她进行谈话后了解到，芳芳的情况已经持续一个月了，她自己也表示很困扰，经常觉得控制不住自己的情绪，也觉得周围人都无法理解自己。

第二天芳芳由辅导员陪同向校心理咨询老师求助。

咨询过程中，芳芳向校心理咨询老师描述道：她近来经常睡不着；思维活跃，经常出现许多过去不曾出现的想法；与他人沟通时，常常因为他人的不理解或者质疑感到愤怒而无法控制自己的情绪,从而出现一些过激行为,如出口伤人、砸东西等;上课过程中,经常会出现注意力无法集中的情况,或者注意力只能集中一段时间,之后就会转移到其他事物上。芳芳在叙述过程中,情绪激动,提到不受他人理解或者受到他人质疑时,愤怒情绪溢于言表,同时叙述中时常有言语不连贯现象。

经深入了解,芳芳的父亲在日常生活中也有类似情况出现。

心理咨询老师与辅导员在得到家长同意后,把芳芳送到专科医院诊治,根据医生临床诊断,芳芳被初步诊断为躁狂症。医生开了心境稳定剂帮助其稳定情绪,嘱咐其两周后复诊。

回校后,心理咨询老师在嘱咐其遵医嘱按时吃药外,邀请其来心理咨询室咨询。心理咨询老师以认知行为疗法为主要咨询方法,帮助芳芳学会在日常生活与学习中适当运用放松技术来控制自己的情绪,同时做一些注意力集中训练,提高其心理健康水平。

(二)初步评估

躁狂症是与其处境不相称的以心境高潮为主的一种疾病,大多数病例主要表现为情绪高涨、思维奔逸和病理性意志活动增强,同时伴有一种自身感觉良好的舒适感。由于患者精神活动诸要素之间,以及与其周围环境保持表面的协调,因此患者的言行都比较易于理解,疾病状态不容易被发现。某些病例仅以易激怒为主,严重病例可出现幻觉、妄想等精神病性症状,病情轻者社会功能无损害或仅有轻度损害。

1. 症状表现

①情绪高涨:本案例中,芳芳在与他人交谈过程中始终保持情绪高涨,而与他人意见相左或得不到他人理解时,情绪变得暴躁,控制不住自

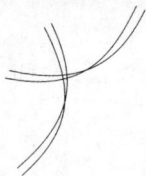

己的情绪,从而出现一些过激的破坏行为与攻击行为,如口出恶言、在寝室里砸东西等。

②思维奔逸:本案例中,芳芳近来思维活跃,经常出现许多过去不曾出现的想法,认为别人都无法理解她;在上课过程中,也无法保持注意力的高度集中;在向咨询师叙述的过程中,有言语不连贯现象。

③意志活动增强:本案例中,芳芳近来常常在深夜精神亢奋,迫切希望与他人进行交谈;在平时上课时注意力无法集中,不能专注地完成一件事情。

④伴随症状:本案例中,芳芳睡眠需要减少,出现一些无法控制的鲁莽行为,如出口伤人。

2. 严重程度

芳芳的社会功能轻度受损,人际交往出现问题,给自己及他人的学习和生活带来了很大的困扰与痛苦,却又无法妥善处理。

3. 病程判断

符合症状标准已达一个月。

4. 排除内容

排除器质性精神障碍(医院检查,结果显示身体正常),排除精神活性物质和非成瘾物质所致躁狂(无物质滥用现象,且身体检查正常,未曾使用过催眠及抗焦虑等药物)。

小贴士5：躁狂发作的诊断标准（CCMD-3）

躁狂发作以情绪高涨为主，与其处境不相称，可以从高兴愉快到欣喜若狂，某些病例仅以易激惹为主。轻者社会功能无损害或仅有轻度损害，严重者可出现幻觉、妄想等精神病性症状。

【症状标准】以情绪高涨或易激惹为主，并至少有下列3项（若仅为易激惹，至少需4项）：

1. 注意力不集中或随境转移；

2. 语量增多；

3. 思维奔逸（语速增快、言语迫促等）、联想加快或意念飘忽的体验；

4. 自我评价过高或夸大；

5. 精力充沛、不感疲乏、活动增多、难以安静，或不断改变计划和活动；

6. 鲁莽行为（如挥霍、不负责任，或不计后果的行为等）；

7. 睡眠需要减少；

8. 性欲亢进。

【严重标准】严重损害社会功能，给别人造成危险或不良后果。

【病程标准】

1. 符合症状标准和严重标准至少已持续1周；

2. 可存在某些分裂性症状，但不符合分裂症的诊断标准。若同时符合分裂症的症状标准，在分裂症状缓解后，满足躁狂发作标准至少1周。

【排除标准】排除器质性精神障碍或精神活性物质和非成瘾物质所致躁狂。

【说明】本躁狂发作标准仅适用于单次发作的诊断。

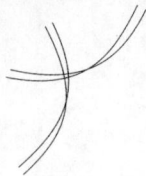

（三）启示

生活中,我们常常会忽略一些精神亢奋的人可能患有躁狂发作这一心境障碍的可能性,而将其表现归咎于性格原因(人格特质因素),因而往往只有在躁狂发作的人造成更严重的后果之后,我们才会将目光转向他们,但此时后果已经铸成,无法改变。在高校中,大学生的人际交往问题屡见不鲜,而由于一个人的"喜怒无常"而造成的人际问题更多见,当然,不是说所有"喜怒无常"都是由躁狂发作引起的,但我们不能忽视这一可能性。躁狂发作的人除了情绪高涨、思维奔逸等典型表现外,严重时会出现一些破坏性行为,甚至是攻击行为,这一点是十分危险的,尤其是在学校这一集群生活的地方,不仅可能伤害到自己,也有可能会伤害到他人。所以,如何在造成更严重的后果前,准确识别出患有躁狂发作这一心境障碍的人,并进行有效预防处理是首要的任务。

推荐书籍：

1. [美]马丁.双相障碍探究——美国文化中的躁狂和抑郁.于欣译.北京：北京大学医学出版社,2013

2. [美]凯·雷德菲尔德·贾米森.疯狂天才——躁狂抑郁症与艺术气质.刘建周等译.上海：上海三联书店,2007

三、一例广泛性焦虑症引发的危机

（一）事件描述

丁丁,男,20岁,是一名大三学生。2013年11月11日凌晨,失眠的他在床上辗转反侧,无法入睡,因不满室友玩游戏声音太大,与室友发生口角,继而冲突升级为斗殴,打伤室友,伤者被其他室友送医。

辅导员闻讯赶到寝室时,看到丁丁不停来回走动,搓动手掌,呼吸急促,显得紧张不安,面色发红且有汗。

第二天丁丁由辅导员陪同向校心理咨询老师求助。

丁丁自述,近来常常感到心里发慌,无缘无故地感到紧张、害怕。心里时刻有着担忧的事情,如害怕上课迟到、担心被批评、怕与同学之间的关系处理不好,和同学在一起的时候总觉得别人在议论他,夜间难以入睡,常做噩梦,而且伴随有全身酸痛、肌肉紧张感。这种状况严重地影响了他的学习和生活。

这样的症状第一次出现是在半年前,当时丁丁被老师选为某大学生科研项目的负责人,得到此机会,他心里感到高兴的同时又非常不安,担心自己工作不出色,在团队中没有威信,怕得不到老师的赏识和同学的认可,因此每天都花大量的精力在科研项目上。不久后,他发现自己极易疲劳,无法集中注意力,经常出现不该发生的差错,因而压力更大、精神更紧张了。在一次进度报告会议上,丁丁忘带了报告材料,出现心悸症状,报告会因此取消。

此后,丁丁感到自己的注意力无法集中,无法消除越来越明显的烦恼,期间他尝试过听音乐让自己放松一些,但没有取得效果,他感到十分痛苦。

(二)初步评估

认知理论认为,焦虑是个体面对危险时的一种本能反应。而个体持续的对信息加工的歪曲将会导致其对危险的错误评估并产生焦虑体验。

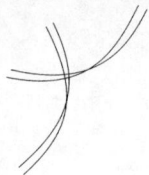

焦虑(病理性)与个体对威胁的选择性信息加工有关。当焦虑患者认为自己没有能力来处理威胁时,继而产生的环境失控感是造成焦虑体验持续出现的重要因素。

根据 CCMD-3,丁丁的情况:

(1)符合神经症的诊断标准。

①症状没有可证实的器质性病变作基础,与现实处境不相称——辅导员随之将其送到医院检查,结果显示身体正常;

②患者对存在的症状感到痛苦和无能为力——无法消除越来越明显的烦恼,期间自己尝试过听听音乐让自己放松一些,但没有取得效果,感到十分痛苦;

③自知力完整或基本完整。

(2)以持续的原发性焦虑症状为主,并符合以下两个特点:

①经常或持续的无明确对象和固定内容的恐惧或提心吊胆——表现为心里时刻有着担忧的事情,如害怕上课迟到、担心被批评、怕与同学之间的关系处理不好,和同学在一起的时候总觉得别人在议论他;

②伴植物性神经系统功能紊乱——生理上表现为呼吸急促,面色发红且有汗,胸闷感,存在睡眠障碍(失眠);情绪症状表现为烦恼、易激惹(因小事发怒)、心情紧张不安。

(3)符合症状标准已达 6 个月。

(4)排除其他可能的心理障碍。

①排除躯体疾病导致继发性焦虑的可能性——医院检查结果显示身体正常;

②排除兴奋药物过量、催眠镇静或抗焦虑药物的戒断反应的可能性——无物质滥用现象,且身体检查正常,未曾使用过催眠及抗焦虑等药物;

③排除与强迫症、恐惧症、疑病症、神经衰弱等其他神经症伴发的焦虑的可能性;

④排除躁狂症、抑郁症及精神分裂等精神疾病伴发的焦虑的可能性——自知力完整,无逻辑思维的混乱,无感知觉异常,无幻觉妄想等精神病的症状,因此可以排除精神病。

综上诊断,丁丁的情况很可能属于广泛性焦虑障碍。

小贴士 6:广泛性焦虑障碍诊断标准(CCMD-3)

广泛性焦虑障碍是指一种以缺乏明确对象和具体内容的提心吊胆及紧张不安为主的焦虑症,并有显著的植物神经症状、肌肉紧张及运动性不安。患者因难以忍受又无法解脱而感到痛苦。

【症状标准】

1. 符合神经症的诊断标准;

2. 以持续的原发性焦虑症状为主,并符合下列 2 项:

①经常或持续的无明确对象和固定内容的恐惧或提心吊胆;

②伴自主神经系统症状或运动性不安。

【严重标准】社会功能受损,病人因难以忍受又无法解脱而感到痛苦。

【病程标准】符合症状标准至少已 6 个月。

【排除标准】

1. 排除甲状腺功能亢进、高血压、冠心病等躯体疾病的继发性焦虑;

2. 排除兴奋药物过量、催眠镇静药物或抗焦虑药的戒断反应,强迫症、恐惧症、疑病症、神经衰弱、躁狂症、抑郁症或精神分裂症等伴发的焦虑。

（三）启示

广泛性焦虑障碍有一定的人格基础，对于出现这一障碍的群体，如不及时采取应对措施，可能造成个人生活质量的降低；情绪焦虑表现可能会导致人际关系的恶化；存在的植物神经功能障碍和躯体不适感与无相应的阳性体征的特点会扰乱个体的认知，严重时可能导致并发疑病症。

虽然人格作为内部因素对广泛性焦虑障碍有一定的影响，但是大学生活作为进入社会前的一个过渡期，巨大的压力也是诱发这一病症的重要外部因素，继续深造、就业以及其他人际关系问题都会给学生带来心理负担，一旦不能正确地应对这些问题，就可能会导致心理危机的出现。高校中，广泛性焦虑障碍的出现，多与自我怀疑，对失败、拒绝的恐惧有关，因此高校中竞争机制的设立需要考虑到学生不同的心理易感性和应对问题的能力。

对处于焦虑期的学生，可以帮助他们掌握放松技术或积极的自我暗示，提高他们处理应激的能力，改变不恰当的认知模式。同时，老师和同学们应给予更多的关注，为其提供良好的社会支持，鼓励其表达自己的感受，可参与竞争性不强的团体活动，帮助其建立正确的自我认知。

测一测：SAS 焦虑自评量表

焦虑是一种比较普遍的精神体验，长期存在的焦虑反应易发展为焦虑症。

SAS 焦虑自评量表

本量表包含 20 个项目，按 4 级评分，请您仔细阅读以下内容，根据

42

您最近一周的实际感觉,在 A、B、C、D 上打"√",每题限选一个答案。所有题目均共用答案:A. 没有或很少时间;B. 小部分时间;C. 相当多时间;D. 绝大部分或全部时间。

1. 我觉得比平常容易紧张和着急   A B C D

2. 我无缘无故地感到害怕   A B C D

3. 我容易心里烦乱或觉得惊恐   A B C D

4. 我觉得我可能将要发疯   A B C D

5. 我觉得一切都很好   A B C D

6. 我手脚发抖打颤   A B C D

7. 我因为头痛、颈痛和背痛而苦恼   A B C D

8. 我感觉容易衰弱和疲乏   A B C D

9. 我觉得心平气和,并且容易安静坐着   A B C D

10. 我觉得心跳得很快   A B C D

11. 我因为一阵阵头晕而苦恼   A B C D

12. 我有晕倒发作或觉得要晕倒似的   A B C D

13. 我吸气呼气都感到很容易   A B C D

14. 我手脚麻木和刺痛   A B C D

15. 我因为胃痛和消化不良而苦恼   A B C D

16. 我常常要小便   A B C D

17. 我的手常常是干燥温暖的   A B C D

18. 我脸红发热   A B C D

19. 我容易入睡并且一夜睡得很好   A B C D

20. 我做恶梦   A B C D

计分方法：

(1)正向计分题 A、B、C、D 按 1、2、3、4 分计；反向计分题 A、B、C、D 按 4、3、2、1 计分，反向计分题号：5、9、13、17、19。

(2)20 个项目的分数相加得出总分，再乘以 1.25 取整数，即得标准分。

(3)低于 50 分者为正常；50～59 分者为轻度焦虑；60～69 分者为中度焦虑；70 分及以上为重度焦虑。中度以上焦虑建议去精神专科咨询就诊，排除焦虑症。

还有比较常用的焦虑量表是汉密尔顿焦虑量表，由医生进行测评。社交焦虑量表等可以参考。

推荐书籍：

1. 钟意娟. 惶惶不可终日——解读焦虑障碍. 西安：陕西科学技术出版社，2012

2. 杨权. 认识焦虑障碍. 北京：人民卫生出版社，2005

3. ［美］戴维·H. 巴洛. 焦虑障碍与治疗. 第 2 版. 王建平，傅宏译. 北京：中国人民大学出版社，2011

四、一例创伤后应激障碍(PTSD)引发的危机

(一)事件描述

川川，男，20 岁，是某校大二学生。在一个风和日丽的下午，他与女友相约去学校附近的商业广场看一部新上映的电影。然而不幸的事情就这样发生了，两人坐公车下车后，聊着天，过

马路时，一辆失控的轿车突然撞上了两人。走在川川前面的女友被撞飞五米多远，当场死亡。重伤的川川则被热心群众紧急送往医院救治。

三个月后，川川康复出院，重新回归校园，但这件事却对他造成了极大的精神创伤，他陷入了深深的自责，校园里每一处似乎都有着过去的影子。

室友和身边的朋友知晓他的经历，极力避免刺激他，并对他关爱有加，希望他能从这段不幸的阴影中走出来，变回原来那个阳光开朗的男孩。但是天不遂人愿，出院一周后，川川晚上总是做噩梦，看到浑身是血的女友质问他为什么没有保护好她，经常在半夜惊醒，然后无法入睡。为此，他白天很难集中精神专心学习，没有好的学习状态，他的学习成绩也直线下滑。

逐渐地，他的行为变得反常，他不敢靠近马路，每次看到上下课的人群和车流就会莫名地恐惧，不由自主地紧张不安，甚至难以呼吸。其室友发现他在过马路时无比小心翼翼，哪怕路上没有车辆，也要再三确认后才慌慌张张地通过马路。

大约数周后其室友询问他是否有报考驾校的意向时，他竟突然大喊大叫，仿佛听到了什么无比可怕的事。此后，只要有人提到"汽车"，川川就会生气地大喊大叫，为此川川和朋友们发生大大小小的矛盾数十次。

渐渐地，室友也和他疏远了，认为他精神不正常，不可理喻。

这种情况一直持续了整整一个学期。本以为经过一个假期川川可以把这件事淡忘，但回来后大家却发现他的情况变得更糟。他甚至不允许视线内出现红色，因为红色会刺激到他，让他想起出事当天的惨状。川川甚至出现了幻觉，总是告诉身边的

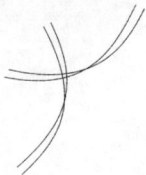

朋友他死去的女友老是缠着他。有一次他的室友回寝室拿东西,看到川川对着一件衣服在喃喃自语。

为了让他摆脱这种情况,室友特地进行了一次联谊,希望介绍一个女生给川川认识,他们觉得或许新的恋情可以让他重新振作,但是川川似乎对女性有一种奇怪的抗拒感,每当女生站在他身边的时候他就会感到不安,希望可以离开现场,或者刻意与女生保持距离。

这样的生活持续了三个月,晚上睡不着或者被噩梦惊醒,害怕红色、马路以及车流,无法接近女性。频繁出现的幻觉终于让川川崩溃了,他分不清现实和虚幻。

在神智不清的情况下,他站在了三楼的阳台边上,对着空气自言自语,似乎随时都要跳下来。学校心理健康中心接到同学求助电话后,第一时间赶赴现场,控制了状况,成功将川川劝下。

事后与川川家人联系并征得其家属同意后,校方将其送往医院接受专业治疗,诊断为创伤后应激障碍(PTSD)。

(二) 初步评估

根据 CCMD-3 所述,创伤后应激障碍(PTSD)是指个体经历、目睹或遭遇一个或多个涉及自身或他人的实际死亡,或受到死亡的威胁,或严重的受伤,或躯体完整性受到威胁后(案例中川川遭遇车祸重伤住院就是本人受到死亡威胁的一种表现,而女友的死亡则是他人的实际死亡)所导致的个体延迟出现和持续存在的精神障碍。

PTSD产生的恐惧情绪是一种条件反射,当事人会本能地回避害怕的情境或是场所。比如川川在遭遇车祸后过马路时会变得小心翼翼,甚至变得焦虑。同时也会伴随反复发生闯入性的创伤性体验重现、梦境,或因面临与刺激相似或有关的境遇,而感到痛苦和不由自主地反复回想。当他晚上睡觉时会梦到惨剧发生时的情景,继而被噩梦惊醒。当事人也会对有关的东西采取消极回避的态度,案例中川川害怕汽车、红色,甚至女性都是他逃避的对象,避免勾起曾经的痛苦回忆。除心理上的变化,生理上也会伴随类似心悸、出汗、面色发白等反常的表现,如案例中川川不由自主的呼吸困难、面色苍白等等。

由于无法摆脱这种心境障碍,当事人的情况会进一步恶化,如出现幻觉、错觉等。例如,案例中川川对着衣服自言自语,甚至后来站到阳台上喃喃自语就是这一类的表现。

小贴士 7:PTSD 的诊断标准(CCMD-3)

创伤后应激障碍(PTSD)是指由异乎寻常的威胁性或灾难性心理创伤导致出现的或长期持续的精神障碍。

【主要表现】

1. 反复发生闯入性的创伤性体验重现(病理性重现)、梦境,或因面临与刺激相似或有关的境遇,而感到痛苦和不由自主地反复回想;

2. 持续的警觉性增高;

3. 持续的回避;

4. 对创伤性经历的选择性遗忘;

5. 对未来失去信心。

少数患者可以有人格改变或有神经症病史等附加因素,从而降低对应激源的应对能力或加重疾病过程。精神障碍延迟发生,在遭受创伤数日甚至数月才出现,病程可长达数年。

【症状标准】

1. 遭受对每个人来说都是异乎寻常的创伤性事件或处境(如天灾人祸)。

2. 反复出现创伤性体验(病理性重现),并至少有下列 1 项:

①不由自主地回想受打击的经历;

②反复出现有创伤性内容的恶梦;

③反复产生错觉、幻觉;

④反复发生触景生情的精神痛苦,如目睹死者遗物、旧地重游,或周年日等情况下会感到异常痛苦和产生明显的生理反应,如心悸、出汗、面色苍白等。

3. 持续的警觉性增高,至少有下列 1 项:

①入睡困难或睡眠不深;

②易激惹;

③集中注意困难;

④过分地担惊受怕。

4. 对与刺激相似或有关的情境的回避,至少有下列 2 项:

①极力不想有关创伤经历的人与事;

②避免参加能引起痛苦回忆的活动,或避免到会引起痛苦回忆的地方;

③不愿与人交往,对亲人变得冷淡;

④兴趣爱好范围变窄,但对与创伤经历无关的某些活动仍有兴趣;

⑤选择性遗忘;

⑥对未来失去希望和信心。

【严重标准】社会功能受损。

【病程标准】精神障碍延迟发生(即在遭受创伤后数日至数月,罕见延迟半年以上才发生),符合症状标准至少已 3 个月。

【排除标准】排除情感性精神障碍、其他应激障碍、神经症、躯体形式障碍等。

(三) 启示

PTSD 患者三大临床表现为反复回忆创伤性体验、回避与创伤性事件有关的刺激或警觉性增高、情感麻木。在症状恶化前往往会有类似心悸、出汗、面色苍白的生理现象。同时，他们会给人一种淡漠的感觉，与人接触明显减少甚至干脆不愿与人交往，消极性言语较多（包括自杀的倾向）。

高校中重大突发事件（火灾、地震此类群体性的灾难，还有个人性的车祸、亲人去世等）发生后，辅导员或助理班主任应该及时了解当事人的情况。当对当事人的了解不够时，应该主动询问其身边的人以下几个问题：

(1)当事人是否有睡眠障碍？

(2)当事人对待周围人的态度好坏。对他人给予关心的回应是否有回避？

(3)当事人行为与原来相比是否有改变？是否有爆发情绪或暴力行为？

(4)当事人是否有躯体不适？

当创伤性事件发生后，及时地通过一些心理评定量表来确定当事人的心理健康状况，有助于筛选出 PTSD 的高危人群。这需要班级负责人与学校的心理健康中心相互配合展开。

推荐书籍：

1. ［美］威廉姆斯，［芬］鲍伊朱拉. 创伤后应激障碍自助手册. 张进辅译. 重庆：重庆大学出版社，2011

2. 李凌江等. 创伤后应激障碍防治指南. 北京：人民卫生出版社，2010

五、一例强迫症引发的危机

(一)事件描述

王同学,女,大二,从小就被教育要养成爱清洁、讲卫生的良好习惯,要求放学回家后洗手要做到"一洗二清三消毒",还要求每周对学习用品进行消毒。时间久了,该同学在生活中总是怀疑有细菌存在,特别害怕"脏"东西。平时洗脸就会花很长时间,总觉得没洗干净,还留有细菌。每次洗手要求自己洗20次以上,少了就得重洗。晚上整理衣服时总是小心谨慎,有时要反复好几次,不然就觉得衣服会被弄脏,非常难受。她也不敢随便和他人接触,生怕沾上细菌。她还总是强迫自己做一些清洁工作,否则内心就感到烦躁空虚,以至于最后这种过量的清洁工作成了其生活中不可缺少的重要组成部分。

(二) 初步评估

强迫症是严重影响个体日常生活的一种心理障碍,是一种以强迫症状为主的神经症,主要有强迫观念和强迫行为两类。

强迫观念是以刻板形式反复进入患者意识领域的思想、表象或冲动意向,可分为强迫思维、强迫表象、强迫性恐惧和强迫意向。比如王同学总是怀疑有细菌存在,怀疑东西洗不干净,这就是属于强迫怀疑,是强迫思维的一种。而强迫行为则是为了阻止或减轻这种痛苦而产生的刻板行为,主要有七类:强迫洗涤、强迫检查、强迫询问、强迫计数、强迫整理、强迫仪式行为和强迫性迟缓。王同学的行为很明显属于强迫洗涤,由于强迫怀疑使她觉得稍稍接触了其他东西就会沾上细菌,因此她不得不反复清洗和做清洁工作来排解内心的焦躁不安。总体来看,王同学的行为属于强迫思维和强迫行为的混合。

小贴士 8：强迫症诊断标准（CCMD-3）

强迫症是指一种以强迫症状为主的神经症，其特点是有意识的自我强迫和反强迫并存，两者强烈冲突使患者感到焦虑和痛苦；患者体验到观念或冲动系来源于自我，但违反自己意愿，虽极力抵抗，却无法控制；患者也意识到强迫症状的异常性，但无法摆脱。病程迁延者要以仪式动作为主而精神痛苦减轻，但社会功能严重受损。

【症状标准】

1. 符合神经症的诊断标准，并以强迫症状为主，至少有下列 1 项：

①以强迫思想为主，包括强迫观念、回忆或表象，强迫性对立观念，穷思竭虑，害怕丧失自控能力等；

②以强迫行为（动作）为主，包括反复洗涤、核对、检查或询问等；

③上述的混合形式。

2. 患者称强迫症状起源于自己内心，不是被别人或外界影响强加的。

3. 强迫症状反复出现，患者认为没有意义，并感到不快，甚至痛苦，因此试图抵抗，但不能奏效。

【严重标准】社会功能受损。

【病程标准】符合症状标准至少已 3 个月。

【排除标准】

1. 排除其他精神障碍的继发性强迫症状，如精神分裂症、抑郁症或恐惧症等；

2. 排除脑器质性疾病特别是基底节病变的继发性强迫症状。

（三）启示

强迫症大多在青春期前后或成年早期起病，因此大学时期是强迫症

的一个高发时期。强迫症起病较慢，是一个逐渐发展的过程，并且强迫症的发作往往会伴随着其他心理障碍的发生，其中最常见的就是抑郁障碍；另外，社交恐惧症、惊恐障碍、广泛性焦虑障碍和特殊恐惧症也可能会出现。强迫症引发的痛苦达到一定程度的时候会导致当事人自杀，甚至会引发严重的校园危机事件，但是许多患者在疾病初期会极力掩盖症状，多数要经历 5～10 年才会进行治疗，所以尽早发现早期强迫症患者并对其进行干预治疗十分关键。

　　轻微的强迫症也许并不会影响患者的正常生活，但是严重的强迫症会给患者带来很大的困扰和痛苦。因为强迫观念的特点是有意识的自我强迫和反强迫并存，两者强烈冲突使患者感到焦虑和痛苦；患者体验到的观念或冲动来源于自我，但这些想法是没有现实意义的，虽然患者极力抵抗，却无法摆脱。而且严重的强迫行为会使社会功能受损，严重影响患者的正常生活。

　　强迫症是一种较难治疗的心理障碍，一般会使用心理治疗或药物治疗以及两者相结合的治疗方法。药物疗法中目前首选的药物是作用于5-HT 的氯丙咪嗪和 SSRI（如百忧解、帕罗西汀）。但由于药物治疗有副作用，且停药后易复发，所以还需要心理治疗的配合。心理治疗有三种，即心理分析疗法、认知行为疗法和森田疗法。心理分析疗法的目的是让患者正视其真正害怕的东西，揭示被压抑的冲动。而认知行为疗法是让患者长期暴露于引发焦虑或强迫行为的环境中，同时克制其强迫行为。由于认知行为疗法的效果比较好，心理分析疗法一般都会与认知行为疗法结合使用。另外，森田疗法的理念是顺其自然、忍受痛苦，主要对强迫观念有效而不太适用于强迫行为。

　　如果患者病前人格健康、社会及职业方面适应良好、起病有明显诱因、症状呈发作性等，往往预后较好；相反，如果患者病前有不良人格、病前人际关系和社会功能差、童年期即起病、强迫症状怪异、伴有抑郁障碍，往往预后不良，需要关注其预后过程。

推荐书籍：

1. 东振明. 走出强迫症——找回美丽的日子. 北京：中国轻工业出版社，2009

2. ［美］施瓦兹等. 脑锁——如何摆脱强迫症. 谢际春，茗茗译. 北京：中国轻工业出版社，2008

六、一例青春型精神分裂症引发的危机

(一) 事件描述

小李是一名大三的学生，人长得不错，有一个有钱的男朋友，两个人在一起快一年了，感情一直很好，后来被男友的爸妈知道觉得她家太穷配不上，就反对他们交往，男朋友很听妈妈的话，渐渐和她疏远了，小李知道后觉得不是男朋友的错也没有多少责怪，只是下定决心和他分手。之后小李虽然心情比较郁闷，但没有什么不正常的现象出现，还是跟以前一样学习，只是变得比以前更沉默寡言，不愿意出门，父母看着很心疼。

可就在几个月之后，小李突然变得爱打扮，爸妈给的生活费用得特别快，买了好多护肤品却又不用，堆在一边。对同学、朋友时常讲一些无厘头的话，有时突然大笑又蹦又跳，有时又突然发脾气，动不动破口大骂。上课的时候也坐不住，有时候因为交作业也会跟学习委员吵起来。下课了没事也不回寝室，有时还

到半夜。一段时间后,大家都觉得不太对劲,觉得小李精神活动已经不太像正常人了——看见异性嗤嗤笑,偷偷写情书;经常在外面闲逛乱走,有时甚至只穿内衣裤就出寝室;满嘴脏话;晚上把收音机开得很响,基本不睡,同学有意见还被她骂……

(二)初步评估

小李讲话时常常让人觉得不知所云,牛头不对马嘴,还喜欢使用自己创造的新字新词,大家都听不懂。小李整天话说个不停,有时对着空气自言自语,话语根本无法形成完整的句子。她情绪多变,又与言语内容不一致;见到异性特别高兴,又会为了一点小事而勃然大怒。小李变得生活懒散,对外界事物缺乏兴趣;注意力涣散,无心上课,学习成绩也下降;常发呆发愣,不注意卫生。她出门时不记得整理着装,还常对着镜子发笑。小李情绪亢奋,心情愉悦,爱说话,爱活动,爱管闲事,肢体语言丰富,异常兴奋;时常整天整天的妄想,对异性有很大的好感。恋爱的挫折使得小李行为目的缺乏,没有羞耻感,暴饮暴食。小李可能是得了青春型(瓦解型)精神分裂症。

青春型精神分裂症的特殊性:常在青年期起病,以思维、情感、行为障碍或紊乱为主,例如明显的思维松弛、思维破裂,情感倒错,行为怪异。青春型精神分裂症的早期症状是睡眠障碍、猜疑、紧张、恐惧、平淡、呆滞、欣快、忧愁、烦躁、兴奋、悲伤、健忘、冲动、思维紊乱、多言或少语、情绪不稳定、饮食紊乱、性欲异常、闭门不出、不修边幅、行为退缩、孤独不群等,而如果不及时发现进行疏导的话,症状就会越发严重,变得思维荒谬,情感、行为障碍或紊乱。

小贴士 9：精神分裂症诊断标准(CCMD-3)

精神分裂症是一组病因未明的精神病,多起病于青壮年,常缓慢起病,具有思维、情感、行为等多方面障碍及精神活动不协调。通常意识清晰,智能尚好,有的患者在疾病过程中可出现认知功能损害,自然病程多迁延,呈反复加重或恶化,但部分患者可保持痊愈或基本状态。

【症状标准】至少有下列 2 项并非继发于意识障碍、智能障碍、情感高涨或低落(单纯型分裂症另有规定):

1. 反复出现言语性幻听;

2. 明显的思维松弛、思维破裂、言语不连贯,或思维贫乏,或思维内容贫乏;

3. 思想被插入、被撤走、被播散,思维中断,或强制性思维;

4. 被动、被控制,或被洞悉体验;

5. 原发性妄想(包括妄想知觉、妄想心境)或其他荒谬的妄想;

6. 思维逻辑倒错、病理性象征性思维,或语词新作;

7. 情感倒错,或明显的情感淡漠;

8. 紧张综合征,怪异行为或愚蠢行为;

9. 明显的意志减退或缺乏。

【严重标准】自知力障碍,并有社会功能严重受损或无法进行有效交谈。

【病程标准】

1. 符合病症标准和严重标准至少已持续 1 个月,单纯型另有规定;

2. 若同时符合分裂症和情感性精神障碍的症状标准，当情感症状减轻到不能满足情感性精神障碍症状标准时，分裂症状需继续满足分裂症的症状标准至少 2 周以上，方可诊断为分裂症。

【排除标准】排除器质性精神障碍，及精神活性物质和非成瘾物质所致精神障碍。尚未缓解的分裂症患者，若又罹患本项中前述两类疾病，应并列诊断。

（三）启示

老师应多关注学生，如果发现学生在生活、情感等方面受到了比较大的刺激，应及时了解相关情况，并定期与该学生进行沟通，交流时注意学生的情绪，并随着学生的反应调整谈话内容，避免对学生造成心理上的二次伤害。全面揭示学生行为及情绪产生明显变化的原因，助其发泄情绪，缓解心情。

学生则要学会自我调适，提高心理承受能力，要学会正确排解生活中遇到的包括情感问题在内的各种压力，懂得自我放松，合理安排生活与学习，同时也要懂得寻求外界帮助，避免将负面情绪积压在自己心里。也可培养一些兴趣爱好来充实生活，转移压力，寄托情感。

当同学经过治疗回校学习后，周围的同学朋友也要细心观察该同学在日常生活中的表现与变化，及时发现复发的先兆：该同学又出现跟以前相似的症状，睡眠较少，人比较懒散，情绪多变，胡思乱想，话语混乱没有逻辑，陷入妄想。

通过和老师及学校里的心理咨询师定期的交流也可让该同学在生活、学习中摆正自己的姿态，保持内心平衡，这对预防精神分裂症的复发也起着重要作用。

减少周围的诱发因素:同学、朋友要知道该同学精神意志控制能力比较差,尽量帮助该同学疏导情绪,减少对其做出具有刺激性的事情。经常与该同学聊聊天,帮助他走出过去的阴影,提高心理承受能力,鼓励该同学增强信心,勇于面对生活、情感带来的挫折,以积极向上的态度面对生活。

推荐书籍:

1. 张辉. 奇怪的思维——解读精神分裂症. 西安:陕西科学技术出版社,2012

2. 舒良. 精神分裂症防治指南. 北京:北京大学医学出版社,2007

3. [瑞士]荣格. 转化的象征——精神分裂症的前兆分析. 孙明丽,石小竹译. 北京:国际文化出版公司,2011

4. 叶锦成等. 自我分裂与自我整合——精神分裂个案的实践与挑战. 北京:社会科学文献出版社,2013

七、一例网络成瘾引发的危机

(一)事件描述

小程是一名来自外省的大一新生。小程是家里的独子,虽然家境比较贫困,但父母从不让小程干重活,只让他一心一意读书考大学。刚进大学,他就在室友的带领下玩起了网络游戏。一开始只是课余时间偶尔和室友一起去网吧打游戏,到后来天天流连于网吧,甚至通宵达旦地在网吧上网。小程觉得在网吧不方便,于是给父母打电话让父母寄钱给他买电脑。父母担心

他有了电脑后会逃课玩电脑,影响学习,而且刚给小程交了学费,家里并没有多余的钱买电脑,果断地拒绝了小程的要求。小程多次求而不得后,在电话里以死相胁,说如果不给钱买电脑就立马自杀。父母听后当即同意,迅速赶到他所在的学校,借钱给他买了电脑,并嘱咐他不要想不开,要少玩游戏,多学习。小程见到了新电脑,也就高兴地答应了父母的要求。当小程父母离开后,小程就一直待在寝室玩网游,课也不去上,饭也一直是叫外卖。期中考试的失败让小程有了短暂的醒悟,但是离开网络让小程变得时而暴躁、时而沮丧,半夜的时候还会在寝室里来回地走,室友们常常被他吵得不能入眠。没过几天,小程又重新玩起了网络游戏,起先,小程刻意控制一下,缩短了上网时间,渐渐地,小程克制不住自己,上网时间越来越长,从早到晚再到深夜,一直盯着电脑屏幕。小程因玩网络游戏而经常逃课,辅导员也多次找小程谈话,小程表示如果自己一段时间不上网,心里就特别烦躁,甚至生怕错过什么,有时做梦都会梦到网络游戏里的人物。在辅导员的劝说下,小程开始几次还会刻意控制自己少玩网游,次数多了,小程也不再听劝诫,我行我素地沉浸在网络的世界里。由于沉迷网络游戏,小程一直疏于个人清洁工作,外卖盒、脏衣服堆满地面。室友因不满他的生活和作息习惯时常起争执,有时小程还会模仿游戏中的人物,用刀恐吓室友。

(二)初步评估

网络成瘾(network addiction)又称互联网成瘾综合征(Internet addiction disorder,IAD)、病态使用因特网(pathological Internet use,PIU),是指过度使用和依赖互联网所引起的心理、精神、躯体等一系列综合征,其概念与药物成瘾既有相似又有差异:指个体反复过度使用网络导致的一种精神行为障碍,表现为对网络的再度使用产生强烈欲望,停止或减少网络使用时出现戒断反应,同时可伴有精神及躯体症状。网络成瘾主要表现为上网时间的失控。当人们面对自己感兴趣的事情时,时间就会过得飞快,网络上有许许多多充满诱惑的游戏、娱乐节目等,因而花在网络上的时间总在不经意间就会流逝,这也导致了网络使用时间的失控。虽然学习工作之余,通过网络来休闲娱乐不失为一个好的方法,但是过度使用网络会在精神上对网络产生一种依赖感,每时每刻都渴望着上网,甚至睡梦中都会出现有关网络的事情。这种精神上的依赖会逐渐发展为身体上的依赖。长时间的上网会使大脑神经中枢一直处于高度兴奋的状态,引起肾上腺素水平增高,体内神经递质分泌紊乱。

本案例中,小程起初只是偶尔去网吧上网,渐渐地,上网时间越来越长,有时甚至整日整夜地流连于网吧。期中考试的失败,让小程有了悔悟,想戒掉网络,好好学习,但是不上网的小程情绪变得很偏激,时而暴躁,时而沮丧,还会半夜在寝室里来回走动,生怕错过网络上的一些东西,做梦都会梦见网络,从这些症状看,小程出现了戒断反应。期中考失败,与室友发生冲突,小程的学习和人际交往都受到了严重的影响。在辅导员的劝说下,小程想要戒掉网络,但是每次都没有成功。种种症状都暗示着小程可能患了 IAD。

网络成瘾主要有色情网络成瘾、网络游戏成瘾、网络强迫行为、网络交际成瘾、信息超载成瘾五种,前三种比较常见。网络强迫行为是指无法控制地在网上购物、参与网上论坛贴吧的讨论。信息超载成瘾主要指对于网络上的信息包括一些没有实际意义的信息都要阅读,不然内心会很不安。本案例中小程可能患有的网络成瘾是网络游戏成瘾。

网络成瘾的初期症状比较隐蔽。随着互联网的普及,科学技术的发展,手机、电脑功能的日益强大,玩手机、玩电脑在大学里已经成为一种

"全民运动",每个人都在玩。所以患者自身不能意识到自己已经患有网络成瘾,周围人员也无法在其患病的初期进行确认。材料中,小程的室友也会去网吧玩游戏,所以开始会对小程去网吧打游戏一事不以为意。待到网络成瘾表现明显时,患者已经患有了 IAD。

小贴士 10:网络成瘾诊断

目前还没有权威的网络成瘾诊断标准,综合许多国内外研究者的研究,我们认为,满足下列 3 项及以上症状者,就有可能患有网络成瘾。

①戒断症状的出现。即一段时间不上网,情绪就会变得比较偏激,时而暴躁,时而沮丧。情不自禁地想上网,甚至做梦都是有关网络的。

②耐受性增强。即上网时间越来越长,网瘾越来越大,从开始的一两个小时,不断增加上网时间才能得到满足。

③时间失控。实际上网时间总是比预计上网时间要长。

④意识到网络过度使用带来的问题并且也想有所改正,但每次都会以失败告终。

⑤现实生活严重受干扰。正常的生活习惯变得无序,学习、工作效率低下,感情不稳定。

(三)启示

网络成瘾初期症状比较隐蔽,似乎和普通人没什么两样。当花在网络上的时间越来越多,越来越不能控制上网时间,离开网络就有些不知所措甚至气闷烦躁,不可抑制地渴望上网时就要注意是否患有网络成瘾。

网络成瘾会导致精神不振、记忆力下降，影响学生的学业。专注于网络内部，缺少与他人的交往，也不利于人际关系的发展。网络成瘾对人的健康危害也极大，长时间地玩电脑游戏，使得大脑神经中枢抑制处于兴奋状态，植物神经功能紊乱，甚至可能会导致心脏病的发作而致死亡。大学生正处于充满好奇心、追求新知识、涉世未深的阶段，网络上的自由平等、最新资讯等都对大学生有着巨大的吸引力，同时大学生本身比较自由，远离父母的管束，老师也不像高中时那么严格。由此看来，预防和干预网络成瘾应该受到高校重视。

网络既是一个自由开放、资源丰富的世界，也是一个充满陷阱的世界，要预防网络成瘾，学校应该加强对大学生科学使用网络的教育和引导，最重要的是要让大学生正确认识网络，助其提高自律能力、自控能力以及明辨是非的能力，不要在网络中迷失自我。学校可以定期举办一些讲座，帮助学生认清网络成瘾等心理障碍，充分认识网络的两面性，合理利用网络带来的便利性，杜绝网络的不良影响。同时，应利用丰富多彩的校园文化活动，帮助学生营造良好的学习、生活环境，让学生可以走出寝室，奔向阳光。为学生搭建平台展示自己的兴趣和才能，把学生的兴趣从网络转移到健康向上的文体活动中来，让大家感受到集体的温暖和人际交往的乐趣。鼓励学生锻炼身体，使学生能以健康、科学的态度投入大学生活。

辅导员、助理班主任、导师等要多关注自己的学生，做到重点防范，正确引导，在学生中营造一种团结互助的氛围，互相监督、互相鞭策、互相鼓励，克制网瘾。

从学生自身来说，应当充分利用校内外的资源，利用课余时间做一些有益身心的事情，如志愿者活动、阅读、体育活动、文娱活动等，以此减少对网络的依赖。若已经出现网络成瘾的苗头，应当在老师的指导下，

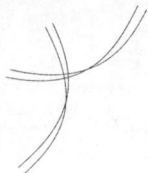

与优秀同学结对,约束自我行为,持续地进行自我警示,逐渐摆脱网瘾。同时也可在老师、同学的陪同或监督下,参加一些有意义的校园文化活动来代替上网。

推荐书籍:

1. 王恪.大学生网络成瘾的预防与戒除.北京:北京航空航天大学出版社,2013

2. 鲁龙光,黄爱国,陈建国,等. 网络成瘾的心理疏导.南京:东南大学出版社,2012

3. 万晶晶.大学生网络成瘾的心理需求机制研究.武汉:华中师范大学出版社,2011

4. 李欢欢. 大学生网络成瘾评估与干预.北京:华夏出版社,2011

5. 王芳."网"事知多少:网络心理与成瘾解析.上海:复旦大学出版社,2011

八、一例社交恐惧症引发的危机

(一)事件描述

小周,女,22岁,某大学三年级学生。上大学两年多以来,她从不敢多与他人讲话,与他人说话时眼睛躲闪,不敢直视,像做了亏心事,而且一说话脸就突然变红,心跳加快,似乎全身发抖。她不愿与班上同学接触,认为同学讨厌自己,尤其害怕接触男生,不管在哪儿,只要有男生的出现,就会感到不知所措。后来转变为对老师也害怕,上课时,只有当老师背对学生板书时才不紧张,只要老师面对学生,她就不敢朝黑板方向看。常常因为紧张,听不进老师讲的课。更糟糕的是,现在在熟悉的人面前也是如此,包括亲人。也因为如此,她极少去各类社交场所,避免与陌生人接触。虽然她一直力图改掉这个怪毛病,但结果还是一样。这个怪毛病后来逐渐影响了她各方面的发展:学习成绩下降,交往失败,被朋友孤立。眼看着就快毕业了,她感到越来越绝望,越来越焦虑,无法正常参加求职面试,每天躲在宿舍里。她对自己的状态非常绝望,对自己的未来看不到希望,打算离校出走,幸亏被同学及时发现并送到辅导员办公室。

小周自幼性格较内向而且胆小、孤僻、不合群,对事情敏感。父母对其要求极其严格,而且很正统古板,下令不准和男孩子过度交往。除了家和学校,她几乎很少在外玩耍,从不和男生交往,中学时见到男女生之间的往来都很反感。小周自幼身体健康,从未患过严重疾病,也无遗传病史。

(二)初步评估

小周的紧张害怕已经超出了一般人的正常范围,在她感到紧张的同时,还有心慌、脸红、心跳加快、全身发抖的生理症状,且回避他人的目光,避免与他人目光正面接触。害怕与别人对视,害怕自己会做出在别人看来不太正常的表情。由于害怕,她拒绝出现在各类聚会以及社交场合,也不去公共场合。鉴于她害怕的社交场合十分广泛,此种情况有"广泛性社交恐惧症"的可能性。

(1)小周内向、胆小、孤僻、敏感的性格特征是影响人际交往的内在因素,进一步导致了自我感觉恶化。

(2)父母对她普通交往中的禁忌以及灌输的与男性交往的"羞耻感道德意识",使她的性格中形成了较强的羞耻心,这对人际交往起着阻碍

作用。

(3)小周现在已经是成年人,一方面有着正常的与异性接触的愿望,另一方面已经内化了的有关两性交往的"羞耻感道德意识"有意无意地使她批判自己的想法,抑制自己的欲望。因而,她常常处在一种是否应该与异性交往的心理冲突之中。

初步评估结果为"社交恐惧症",又称人群恐惧症,是恐惧症中最常见的一种,这是一类不以患者的意志愿望为转移的恐怖情绪。小周与人交往时紧张,不敢多与他人讲话,与人讲话时不敢直视别人,眼睛躲闪,像做了亏心事。最怕与男生接触,接触时会表现得不知所措。除此之外,还有害怕面对老师,经常会因为紧张而对老师的讲课内容一无所知,渐渐地发展到在亲人面前也是如此。且发作时伴有植物神经系统症状、心慌、脸红、全身发抖,而自己独处时无任何反应等表现基本符合"广泛性社交恐惧症"的诊断标准。

小贴士 11:社交恐惧症的诊断标准(CCMD-3)

恐惧症是一种以过分和不合理地惧怕外界客体或处境为主的神经症。患者明知没有必要,但仍不能防止恐惧发作,恐惧发作时往往伴有显著的焦虑和自主神经症状。患者极力回避所害怕的客体或处境,或是带着畏惧去忍受。

【恐惧症诊断标准】

1. 符合神经症的诊断标准。

2. 以恐惧为主,需符合以下 4 项:

①对某些客体或处境有强烈恐惧,恐惧的程度与实际危险不相称;

②发作时有焦虑和自主神经症状；

③有反复或持续的回避行为；

④知道恐惧过分、不合理或不必要，但无法控制。

3. 对恐惧情景和事物的回避必须是或曾经是突出症状。

4. 排除焦虑症、分裂症、疑病症。

【社交恐惧症诊断标准】

1. 符合恐惧症的诊断标准。

2. 害怕对象主要为社交场合（如在公共场合进食或说话、聚会、开会，或怕自己做出一些难堪的行为等）和人际接触（如害怕在公共场合与人接触、怕与他人目光对视，或怕在与人群相对时被人审视等）。

3. 常伴有自我评价和害怕批评。

4. 排除其他恐惧障碍。

（三）启示

广泛性社交恐惧症可以通过森田疗法、系统脱敏疗法等予以改变。根据当事人的实际情况，主要帮助其去掉一个"怕"字，减少社交中的自卑感，增加内在的自强、自信，把社交活动看作是社会上人与人之间正常的交往与应酬，可以根据自己内心的真实感觉反应，不需要对自己有太多苛求，不需要把大量的注意放在自己的言行上，强调顺其自然、为所当为。

对于大学生中出现的社交恐惧现象，我们要鼓励大学生努力克服社交紧张心理，注意调整好自己的心态，树立一些良好的观念：悦纳自己，树立自信；不要害怕别人的议论，勿对自己要求过高；不要太在意自己的

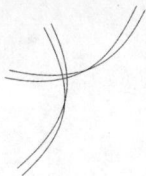

身体反应;学会自我暗示,勇敢地去面对,勇敢地走出自己封闭的圈子,战胜自己!有社交恐惧的人,可以有意识地对自己进行一些行为训练,如进行社交场景模拟,在自己的脑海中进行社交演练,或者把眼前的物体当作陌生人进行练习,次数多了、时间久了,也就能渐渐地克服恐惧感了。

推荐书籍:

1. 戴王磊. 社交技能与自信心训练. 上海:复旦大学出版社,2006

2. [美]德沃拉·扎克. 零压力社交:内向者的轻松人脉术. 孙骞骞,韩冰译. 广州:海天出版社,2011

3. 赵志娇、袁菊英. 心理障碍的自我救赎. 北京:经济管理出版社,2013

九、一例边缘型人格障碍引发的危机

(一)事件描述

小易,男,大二学生。2岁时父母离异,小易跟随父亲生活。不久,父亲再婚。继母对小易时好时坏,有时候很喜欢他,对他很好;有时候却又瞧不起他,基本不搭理他。

小易从小就喜欢思考很多有关自我的问题,比如"我是谁?""我有什么特点?""我应该怎么做?"等。

他的情绪总是反复无常,在平静的环境下也会突然爆发,情绪失控;在怒发冲冠的时候也可能会突然冷静下来。前一秒还是欢声笑语,后一秒就翻脸的情况时有发生,而且中间没有什么明显的征兆。别人评价他的情绪都是一段段的,一会儿高涨一会儿低落。

小易在中学时因为和混混们走得比较近,很早就学会了抽烟喝酒等恶习,老师、同学们也把他当作是问题少年看待。因为他帅气的脸庞和时髦的打扮很吸引女孩子的目光,所以小易很早和班里的女同学谈恋爱,后来还和校内、校外的女生谈恋爱,发生性关系。

因为性格原因,当他看到女朋友和其他男性正常交往时会有强烈的嫉妒感,幻想出一些根本不存在的情节。为了向女友求证,他也总是一次次地设一些小陷阱考验女朋友,长此以往,他的恋情总是无法持久,短则一两天,长则一两个月。他对找女朋友这件事又是乐此不疲,一段结束后又马不停蹄地去发展第二段,几乎不停歇。他说他受不了一个人的感觉,想找个人在一起。在这种情况下,他在学校里的名声每况愈下,后来老师找到他的父亲商量。为了防止他进一步学坏,他父亲决定把他送进更严格的寄宿制学校。之后,他尝试自残甚至是自杀,所幸都没有成功,最严重一次是被室友发现割腕,紧急送到医院抢救。高考前他认真复习了一段时间,考上了一个大专院校。

进入大学后,他更能感觉到自己的"与众不同"。别人对他的评价和印象是"瞬息万变",也就是前后不一致,无法形成固定的印象。被问到关于自杀的看法,在他的理解里,自杀能让他觉察到自己的生命在流逝,让自己的注意力从情绪上转移,摆脱不安。

第
二
章

大学生心理疾病引发危机的干预

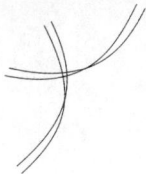

（二）初步评估

本案例中,小易的很多症状都与边缘型人格障碍吻合(边缘型人格障碍的诊断标准见下文小贴士)。在小易被父亲送到更严格的寄宿制学校后,他做出了多次的自杀行为(符合诊断标准1.有冲动性地引起自我伤害的可能,如挥霍金钱、赌博或者自伤身体)。他缺乏对于情绪的控制力,转变之间没有任何的征兆,而且不能很好地控制愤怒,经常对周围的人拳脚相加(符合诊断标准3.不适当的暴怒或缺乏对愤怒的控制;5.情感不稳定,如突然抑郁焦虑,激惹数小时或数日,随后又转为正常)。他总是需要一个女朋友的陪伴,无法忍受孤独和寂寞(符合诊断标准6.不能忍受孤独,孤独时即感到抑郁;8.长期感到空虚和厌倦)。对自我身份识别有困难(符合诊断标准4.身份识别障碍,表现为对性别认同、自我认同、选择职业等变化无常)。

可见,小易的症状符合边缘型人格障碍诊断标准8条中的6条,所以初步估计为边缘型人格障碍。

小贴士 12：边缘型人格障碍的诊断标准（DSM-Ⅳ）

诊断：当来访者出现以下8项之5项时,即可判断其为边缘型人格障碍。

1. 有冲动性地引起自我伤害的可能,如挥霍金钱、赌博或者自伤身体;

2. 人际关系不稳定或过于紧张,贬低别人,为一己之私经常利用别人;

3. 不适当的暴怒或缺乏对愤怒的控制;

4. 身份识别障碍,表现为对性别认同、自我认同、选择职业等变化无常;

5. 情感不稳定,如突然抑郁、焦虑,激惹数小时或数日,随后又转为正常;

6. 不能忍受孤独,孤独时即感到抑郁;

7. 自伤身体行为,如自我毁形、屡次发生事故或殴斗;

8. 长期感到空虚和厌倦。

鉴别诊断:由于主要是缺乏情绪控制,所以容易与双向情感障碍混淆。如果患者情绪易受环境影响,那么属于边缘性人格障碍;如果很少受环境影响,那么属于双向情感障碍。另外,边缘型人格障碍容易与抑郁症、焦虑障碍共病。

(三)启示

边缘型人格障碍的主要问题在于对情绪的控制和调节的失衡,因其特殊性,经常会感到被误解,觉得孤独、空虚、无望、恐惧、被抛弃,在人际交往中既伤害自己又伤害他人,无法很好地维持和发展一段关系。他们可能完全意识到他们的行为具有破坏性并且为此很忧伤,因此他们常常充满了自我厌恶和自我憎恨。这种矛盾会影响他们的人际交往、工作或学习等方方面面,可能会造成一些冲动行为,甚至触犯法律。如果发现在你的家庭成员或者朋友中有出现这些情况,请告诉他们及时就医或者寻求心理咨询师的帮助。

由于药物治疗只能做到控制而难以根治,如果用药量减少或停药很有可能复发,所以需要监督服药,定期复诊,同时利用家庭治疗或者移情治疗来助其恢复。

如果在高校发现有同学符合上述的一些表现,可以先去了解其具体情况,观察一段时间后再下结论。如果诊断属实,应及时就医,同时身边的人应当给予其正面积极的鼓励与支持,帮助其找到适合的生活方式。首先,由于边缘型人格障碍患者普遍存在社交障碍,家人、朋友、老师应当从陪伴开始,帮助其克服孤独感,提升自信心,宣泄负面情绪。其次,帮助其理清过往,从根本上了解产生这些情绪或表现的原因,助其走出自怨自艾的心理误区。再次,要伴其融入社会,融入到正常的生活和学习中,增添生活情趣,重建生活重心。最后,鼓励其在照顾好自己的前提下,付出爱心,与人为善,爱人爱己也是自信心的表现,付出爱的同时体验被需要的感觉,也能减少空虚、无望、被抛弃的负面情绪。总之,边缘型人格障碍终是为情所困,要以情动之。

推荐书籍:

1. [美]杰罗德·克雷斯曼,哈尔·斯特劳斯. 边缘型人格障碍. 徐红译. 北京:群言出版社,2012

2. [美]保罗·梅森,兰迪·克雷格. 亲密的陌生人:我们如何与边缘型人格障碍者相处. 葛缨译. 杭州:浙江人民出版社,2014

3. [美]John F. Clarkin,Frank E. Yeomans, Otto F. Kernberg. 边缘性人格障碍的移情焦点治疗. 许维素译. 北京:中国轻工业出版社,2012

4. [美]林内翰. 边缘性人格障碍治疗手册. 吴波译. 北京:中国轻工业出版社,2009

第三章　大学生自杀引发危机的干预

自杀危机是大学生各类心理危机中后果最为严重的一类，一旦自杀成功，生命不可挽回。自杀分为情绪性自杀和理性自杀两类。情绪性自杀是由爆发性的情绪引起，如委屈、悔恨、内疚、羞愧、烦躁和赌气等情绪状态引起的自杀。此类自杀进程较快，发展期短，甚至呈现刹那的冲动，只能当场进行阻止。理性自杀是由于自身经过人生的评价和体验，进行了充分的判断和推理后，逐渐萌发的自杀意向，并且有目的、有计划地选择自杀措施，这类自杀的进程比较缓慢，发展期长。无论是哪类自杀行为，良好社会支持的缺失、极度的绝望无助感无法适时排解、内心异常痛苦等都有可能会增加大学生实施自杀行为的概率。所选择的自杀方式、周密的自杀计划、有意识地隐藏情绪都可能增加自杀的成功率。

第一节　自杀的评估及常见干预流程

脆弱的青年人容易把轻微的冲突理解成具有伤害性的事件，诱发焦虑、痛苦等过度反应。他们把常见的冲突看作是有损人格尊严的严重事件，可能这些事件客观上未必真的有伤害性。因此，生活中任何一个微小的刺激都可能成为"压死骆驼的最后一根稻草"，关键在于提早识别、及早干预。

一、自杀评估

准确的自杀评估是进行有效危机干预的前提。如果一个大学生虽

然表现出抑郁的状态,但还没有自杀的想法,兴师动众地贸然干预容易引起当事人的反感。但如果一个大学生已经有了自杀的倾向,但是干预者却没能及早发现,干预到位,会导致不可挽回的后果。因此,了解有关自杀评估的相关知识,对于干预者来说,是非常有必要的。我们可以从当事人的抑郁程度、自杀意图的强烈程度、自杀计划的详细程度以及社会支持的有效性来评估自杀风险。

(一)评估抑郁程度

我们可以利用前文提到的一些抑郁量表来评估当事人的抑郁程度。也可以利用 9 点量表让当事人主观评估当前的总体情绪状态,包括对无助感、绝望感和无价值感的自我评价。干预者还需要了解当事人是否最近出现远离亲友或自己原本感兴趣的活动的情况,睡眠、食欲、注意力等方面是否出现显著变化。

干预者:如果让你在 1～9 之间选一个数字来代表你现在的心情,9 代表非常糟糕,1 代表还不错,你会选哪一个?

当事人:9。

干预者:你感到像这样心情不好有多长时间了?

当事人:这几个月一直都这样。

(二)评估自杀意图的强烈程度

一般来说,自杀意图越强烈,自杀风险越高。但对很多干预者来说,对自杀意图的评估是很有挑战性的,因为很多下定决心要自杀的当事人一般不愿意明确告知周围的人自己想要自杀的决心。因此,干预者需要通过其他途径来进行评估,比如当事人是否向周围的朋友讲一些类似交代后事的语言、是否有突然赠别礼物的行为及购买一些危险物品的举动等。

Rita博士在《心理咨询面谈技术》一书中对此做了总结(表 3-1)。

表 3-1　评估自杀意图

强烈程度	表　现
不存在	没有自杀想法或计划。
轻度的	有自杀想法,但没有特殊或具体的计划,几乎没有自杀的风险。
中度的	有自杀想法和一般计划,自控力完整,当事人有一些"活着"的原因,没有故意要"杀死"自己,有一定的自杀风险。
严重的	自杀想法经常而强烈。自杀计划特定而致命,手段可行,几乎没有临近的援助资源,自控力有问题,但当事人并不是真正想"杀死"自己,意图看起来很低;可能存在很多自杀风险。
极严重的	除了当事人表达了明确的一旦有机会就自杀的意图之外,其余的描述与严重的情况一样,通常存在许多危险因素。

(三)评估自杀计划的详细程度

干预者在与当事人建立合作关系后,直接与对方讨论关于自杀计划的细节。一般来说计划越具体、自杀手段越可行、援助资源越远离当事人,都会导致自杀风险的加大。

干预者:你曾提到有时候你觉得自己活着对他人是个累赘,不如死了算了。你有没有计划过,如果你真的按你的计划去做,你会用什么方式结束自己的生命?

当事人:我虽然这么说过,但其实真的没想过具体怎么做。

观察、了解他平时的行为,如果所说属实,可以判断暂时没有风险,保持适当关注。但如果当事人虽然这么说,行为上相反,则需要引起高

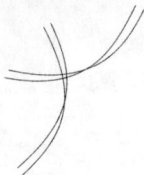

度警惕。如果当事人没有否认自杀意图,直接告诉干预者:

当事人:是的,觉得活着很无趣,几次想从阳台上直接跳下去算了。

干预者:嗯,想过具体什么时候去做吗?

当事人:还没想好。

干预者:那这种想法最近是出现就消失了,还是大部分时间都在你脑中盘旋?

当事人:会经常想起。

这样的当事人需要重点关注,跟进干预:

(四)评估社会支持的有效性

干预者需要了解当事人对于身边的资源是否还有留恋,是否有"活着的理由"。如果有,在访谈中,可以适当强化、激起当事人"生的希望"。干预者还需要了解在当事人身边,是否有对他很有影响力并能给予积极能量的资源。如果有,干预者可以与当事人讨论,如何有效利用这些资源,为其建立一个相对比较宽松、有意义的"生存空间"。

干预者:对你来说,也许现状是很痛苦的,整个世界是黑暗的、冰冷的。假设有一点光能照进你这个世界的话,你希望它停留在哪里?

当事人:不会有光的。

干预者:假设出现奇迹的话呢? 你希望它会照耀在哪里?

当事人:希望它给家人温暖吧。

干预者:给家人温暖? 怎样能给家人温暖呢? 能具体说说吗?

我们也可以用自杀风险评估表(表 3-2)来判断一个人的自杀风险。

表 3-2　自杀风险评估表

	无	有（低）	有（高）
评估自杀、自伤计划	0	1	2
评估既往相关自杀、自伤经历	0	1	2
评估现实压力	0	1	2
评估目前的支持资源	2	1	0
临床症状	0	1	2
总分			

说明：

1. "有（低）""有（高）"的界定

(1)评估自杀、自伤计划：

有（低）——偶尔有过自杀的想法、计划，且计划较模糊的，计1分；

有（高）——常常有自杀的想法、计划，或者偶尔有计划但计划详细、可操作性高，计2分。

(2)评估既往自杀、自伤经历：

有（低）——曾经有过低风险的自杀经历，计1分；

有（高）——曾经有过多次自杀经历或有过高风险的自杀经历，计2分。

(3)评估现实压力：现实压力的高低应以来访者的主观体验来定。

(4)评估目前的支持资源：

有（低）——有一定的社会支持，但难以被利用，计1分；

有（高）——有良好的社会支持，且能被利用，计0分；

(5)临床症状：

有（低）——存在一般或严重心理问题，计1分；

有（高）——疑似神经症或重性精神病，计2分。

2. 总分说明

2分—潜在危险　　4分—轻度危险　6分—中度危险　　8分—高度危险

10分—极危险

可见，自杀评估是非常细致的工作，需要干预者有极大的耐心，抱着尊重、真诚的共情技术，贴着当事人前行，不急于下结论，不急于改变当事人。另外，由于自杀评估是比较有挑战性的工作，建议经验不是很丰富的干预者最好能有专家全程督导，或与其他专业人员组建同辈小组，共同讨论自杀评估的具体提问以及稍后的自杀干预过程。

二、自杀干预

(一)对于有自杀倾向的学生

对于有自杀倾向的学生，我们可以做如下反应(图 3-1)：

1. 及时汇报，通知家长

第一时间向学院领导汇报情况，同时安排年级辅导员或班主任及时了解学生当前情况，通过班级同学、家长收集所有怀疑学生有自杀倾向的证据资料，包括学生近期刺激事件，当下情绪状态、想法、行为表现等。在联系家长过程中，交代清楚学生可能存在的安全隐患，并大致告知目前的危机处理进程，争取家长的支持与配合，建议家长马上赶往学校。

2. 了解情况，现场处理

第一时间联系学校学生处汇报学生情况，由学生处安排心理咨询中心的咨询师参与危机处理，协助学院对学生做初步心理评估，联系学校保卫处随时待命。必要时，保卫处可以协助学校维持校内秩序，或针对极度不配合的危机事件学生联系公安机关采取强制送医手段。

3. 识别症状，初步评估

心理咨询中心咨询师结合辅导员收集的学生信息(如果学生本人同意，咨询师最好能与学生当面沟通)，对学生心理状态进行初步评估(进行疑似自杀倾向或疑似精神疾病的初步评估)。当发现学生有自杀倾向时，心理教师要以保护学生生命安全为第一要务，不要承诺向其家长和

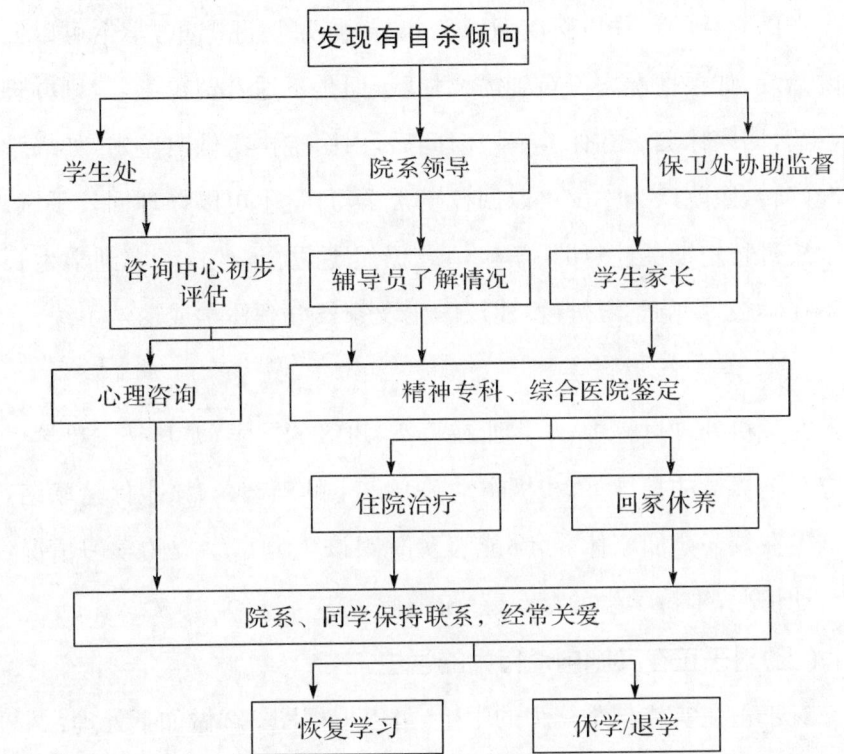

图 3-1 对有自杀倾向学生的危机干预流程图(蔺桂瑞,2013)

老师保密,让学生知道学校将通知其父母及院系的事实,并请该生签字确认。

4. 转介医院,做好监护

心理咨询中心咨询师指导辅导员争取学生家长的支持和学生本人的同意,由辅导员、家长带领学生本人前往高校对接的心理医院精神专科进行心理鉴定。学生在校期间要确保学生生命安全,建议由家长陪同,并由至少两名校方人员 24 小时看护。

5. 专业鉴定，关注动态

送医之后的工作以医院建议为指导，如果情况严重，学生可以办理住院治疗；如果情况未严重到需要住院，但是不适合留校学习，则办理请假手续，回家休养。在休养一段时间后，由医院再次做出鉴定，如果学生情况好转，医院认为学生可以回校正常学习，学生可以办理回校手续，并由学校进行定期关注；如果学生情况仍然不适合学习，考虑到学生长时间不在学校，影响学习进度，建议学生及家长办理休学或退学手续。

6. 保持联系，持续关怀

在危机处理过程中，学生所在寝室、班级的同学，尤其是主要学生干部应在辅导员的指导下，积极主动关心该生的动态，与该生保持联络，不管该生在校还是回家休养，都能够及时跟该生分享学校的学习情况、班级活动情况，维持学生的存在感、价值感。

（二）对于正在实施自杀行为的学生

对于正在实施自杀行为的学生，可以根据图 3-2 做如下处理：

1. 及时汇报，有序处理

第一时间向学院、学校主管领导汇报情况，迅速做出决策，安排危机处理事宜。

2. 多方协助，终止危机

学院、学校相关领导，保卫处工作人员，年级辅导员，心理咨询中心专职教师赶往危机现场，在救助现场设立警戒线，同时拨打"110"、"120"等急救电话，请求警方和专业医疗援助。学校相关部门和警方、医疗机构等社会机构配合，终止危机行为，抢救生命。

3. 了解情况，通知家长

安排年级辅导员及时了解学生当前情况，通过班级同学、家长收集

```
                     ┌─────────────────────────┐
                     │   发现正在实施的自杀行为   │
                     └─────────────────────────┘
        ┌─────────┐        ┌─────────┐              ┌───────────────┐
        │  学生处  │────────│ 院系领导  │              │  保卫处现场处置  │
        └─────────┘        └─────────┘              └───────────────┘
                      ┌───────────────┐
                      │  向主管领导汇报  │
                      └───────────────┘
        ┌─────────┐   ┌──────────┐  ┌──────────┐
        │ 咨询中心 │───│ 辅导员了解情况 │  │  学生家长  │
        │ 初步评估 │   └──────────┘  └──────────┘
        └─────────┘
   ┌─────────┐   ┌────────────────┐         ┌──────────────┐
   │  心理咨询 │   │ 精神专科、综合医院鉴定 │         │ 110、120、999 │
   └─────────┘   └────────────────┘         └──────────────┘
              ┌─────────┐   ┌─────────┐
              │  住院治疗 │   │  回家休养 │
              └─────────┘   └─────────┘       ┌───────────┐
                                              │ 终止危险行  │
   ┌──────────────────────────────────┐      │ 为医疗救助  │
   │  院系、同学保持联系，经常关爱           │      └───────────┘
   └──────────────────────────────────┘
       ┌──────────────┐   ┌──────────┐
       │  恢复正常学习   │   │  休学/退学 │
       └──────────────┘   └──────────┘
```

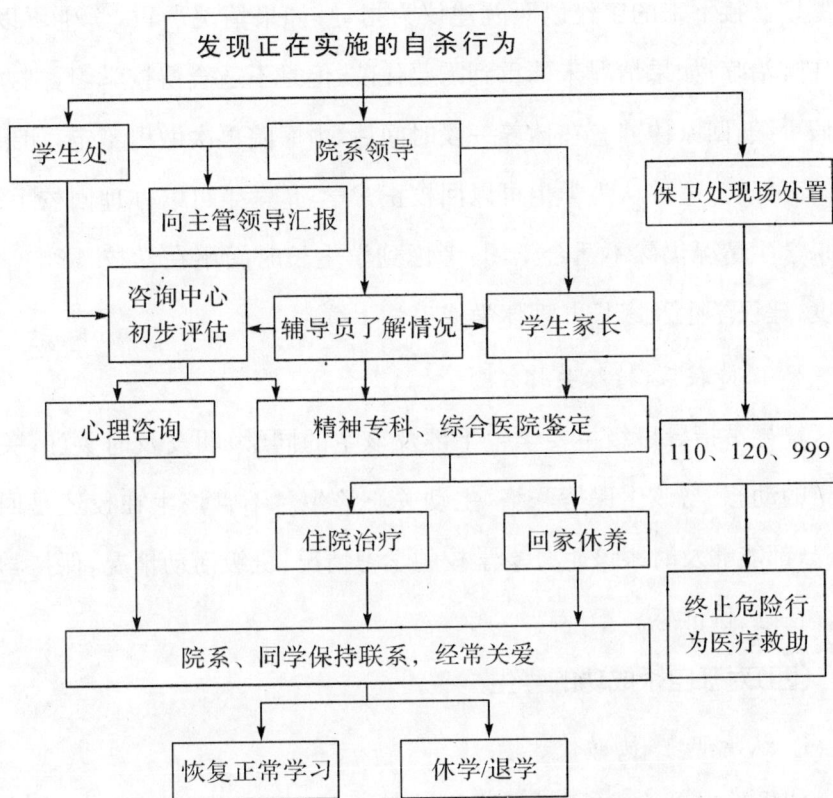

图 3-2　对正在实施的自杀危机事件干预流程图(蔺桂瑞,2013)

学生自杀的证据资料,包括学生近期刺激事件、情绪状态、想法、反常行为表现等。在联系家长过程中,语气尽量平静地交代清楚学生的危机情况,给予适当心理安抚,建议家长马上赶往学校,并与家长保持联系,随时交流学生动态。

(三)对于自杀未遂的学生

1. 转介医院,专业鉴定

在保证学生生命安全的前提下,学校对家长提出精神诊断的要求,由辅导员、家长带领学生本人前往高校对接的心理医院精神专科进行心

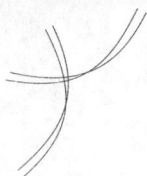

理鉴定。接下来的工作以医院建议为指导;如果情况严重,学生可以办理住院治疗;如果情况未严重到需要住院,但是不适合留校学习,则办理请假手续,回家休养。在休养一段时间后,由医院再次做出鉴定,如果学生情况好转,医院认为学生可以回校正常学习,学生可以办理回校手续;如果学生情况仍然不适合学习,考虑到学生长时间不在学校,影响学习进度,建议学生及家长办理休学或退学手续。

2. 保持联系,持续关怀

辅导员指导班级主要学生干部及该生的同学、朋友及时关注,关心该生的动态,与该生保持联络,主动关心该生。不管该生在校还是回家休养,都能够及时跟该生分享学校的学习情况、班级活动情况,保持学生的存在感、价值感。

(四)对于自杀成功的学生

1. 认清职责,协助处理

如果学生自杀成功,需要第一时间对家长进行安抚工作,协助家长配合公安部门处理学生自杀事件,并由学校相关部门介入处理抚恤金事宜、舆论引导事宜。

2. 舆论引导,哀伤辅导

对学生的室友、同学、朋友进行心理介入,了解其情绪状态。对于情绪反应过激的学生进行个别心理咨询,对于其他同学进行班级哀伤辅导。在班级哀伤辅导中需要做到,协助同学们处理哀伤情绪和充分表达潜在的其他情绪,与同学们一起讨论在克服失落之后如何进行再适应。鼓励同学们以健康的方式向死者告别,并坦然地重新将感情投注在新的关系里。关心与该生相关的教职工的心理状况,给予心理安抚。

小贴士 13:辅导员与自杀倾向学生谈话的要点

1.保持冷静,耐心倾听。

2.让他说出自己内心的感受,不急于引导或否定他的表达。

3.要接纳他,不对其做任何评判。

4.不要试图说服他改变自己的感受。

5.让他相信别人可以给他帮助,并鼓励他寻求他人的帮助、支持。

6.要尽量取得其他老师、同学的帮助以便于辅导员共同承担帮助学生的责任。

7.如果辅导员认为学生仍有自杀想法,自杀风险很高,要立即采取措施:不要让学生独处,移走自杀的危险物品,或将学生转移至安全的地方,陪学生去精神卫生机构寻求专业人员的帮助。

8.不要答应对他的自杀想法给予保密。

（蔺桂瑞,2013）

推荐书籍:

1. ［美］John Sommers-Flanagan,Rita Sommers-Flanagan. 心理咨询面谈技术. 第 4 版. 陈祉妍,江兰,黄峥译. 北京:中国轻工业出版社,2014

2. ［加］费斯科.行动孕育希望:焦点解决晤谈在自杀和危机干预中的应用.骆宏译.北京:人民卫生出版社,2013

3. ［美］詹姆斯,吉利兰.危机干预策略.高申春等译. 北京:高等教育出版社,2009

第二节　因自杀引发危机的干预案例

案例1：信任是危机预防的核心要素

（一）干预过程

开学后不久，小L联系辅导员，表示自己前一天晚上从床上掉下来。最近，他在体育课上跑步，摔倒没有人扶。他每天晚上都在吃药，治疗自己的身体疾病，会睡很久。他还说自己最近在同一个地方摔倒多次，一定是撞鬼了，问辅导员是不是相信鬼神说。如此这样奇怪的言论，小L说了很多。

交流之后，辅导员感到该生的表现跟平时有不一样的地方，马上跟该生的室友联系了解近期情况。室友反馈他最近迷信起来，表示自己被妖魔鬼怪附身了，也感觉到他最近精神状态不太好，大家跟他说什么，他听不进去，就说为什么大家总针对他。话变多起来。让他不要出去走，他一定要出去走。白天一个人睡觉，晚上比较亢奋，不睡觉，跑到隔壁寝室做操，也说到自己走路经常被绊倒的事情。

经过了解，辅导员感觉到该生在近期表现与之前相比较为反常，有一定的躁狂表现，并引起了寝室、班级同学的害怕情绪。该生不愿意去医院，不相信医院，比较偏执，不能很好倾听别人的意见；同时经常摔倒，可能与近期吃精神药物带来的副作用有关，但确实存在一定的安全隐患。

辅导员采取了如下几种方法进行处理：

(1)将情况及时汇报学院分管领导,并联系学校心理健康老师进行沟通。

(2)跟班级同学交流,请他们多多关心、关怀他,也请寝室同学关注他的动态。

(3)跟其家长通过电话,了解到该生是从开学初开始吃药。建议家长跟主治医生沟通药物的用量和副作用问题。另外,也希望其父亲尽快来学校一趟,保证学生的安全问题。

(4)查询该生所服用药物的副作用。在与家长沟通后,发现家长并不是非常相信辅导员描述的状况,表示自己的孩子并不会有问题,是非常好的,可能是同学和室友的问题。虽然表面上表示自己会尽快来校,但是工作特别忙。辅导员感觉到家长缺乏足够的重视。

当天傍晚,室友小 S 打电话给辅导员,表示就在刚才发现小 L 差点从阳台上跳下去,小 S 抱住小 L 把他拖回来,很担心他的状况,请辅导员尽快过来。辅导员到现场时,小 L 已经平静下来,对刚才的事件,他的描述是他到阳台上感觉到下面有很多美好的事情在向他召唤,他就想朝向美好的事物过去。该学生出现明显的幻觉。

辅导员马上联系该生家长,告知其发生的现象与该生服用药物的副作用描述相似,请其尽快与医生取得沟通。家长这个时候才引起重视,经过了解,该生为了能够让自己快点好,服用了两倍于医生规定的药量,而这种药物的副作用有行走不稳、幻觉、亢奋、精神错乱,与之前该生的表现符合。

家长将学生接回家里,严格控制他的药量。半个月之后,该生返校,精神与表达已趋于平静,认知也比较合理。

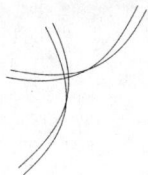

（二）可借鉴的经验

1. 辅导员的危机处理能力有利于提高危机干预效率

辅导员是与学生走的最近的老师，在与学生建立信任关系上具有先天的优势。主动联系辅导员，是基于对辅导员的信任；对于不能很快信任别人的个案，辅导员自身具备一定的危机处理能力有利于高效处理危机个案，提高危机干预质量。辅导员需要掌握一定的心理问题识别的知识，比如神经症的三条标准、心理异常与心理正常的界定标准，这样可以做出初步的诊断，在时间有限的情况下，判断出大概正确的解决方向。

2. 班级同学及时关注危机个案动态，及时上报是预防危机发生的关键

教育班级每一位同学都具有识别危机的能力和及时报告危机的意识对于识别危机和预防危机有着非常重要的意义。班级学生可以彼此照顾，互相支持，也能随时关注到彼此的生活、心理状态，可以感受到他（她）的反常，这种反常就是重要的提醒。要让每一位同学都知道，保护身边的人并不是难事，只要多一份关注和觉察，就可以帮助这个人避免危机。

3. 家长的配合与支持

在这个案例中，家长的配合和支持是非常重要的。家长在初期非常相信自己孩子的表达，认为自己的孩子被同学欺负了，没有对孩子自身的反常引起足够重视。直到辅导员多次跟家长强调事态的严重性，并指出该生的主要问题，让家长理解辅导员的用心，才使他们引起重视，采取行动。

案例 2：迅速反应、有效处理是关键

(一) 干预过程

大学四年级女生小 W，来自一个普通的农村家庭，是家中的独女，父母常年在外地打工。毕业在即，小 W 既没有积极撰写论文，也不急于找工作。某一个周六的早上，小 W 在洗晒好所有的衣物后离开了寝室。三天之后的傍晚，与其关系最为要好的闺蜜小 T 收到了一条发自小 W 手机的信息，内容如下："去我寝室桌子看黑色日记本，然后联系我爸妈，对不起！我从华山南峰顶离开的，不要来收尸什么的了。"小 T 马上联系了辅导员，辅导员第一时间将情况上报学院党委副书记，学校随即成立了事件处理小组，成员涵盖校、院多个部门。

工作小组通过对小 W 电脑记录及日记内容的仔细查阅，分析出小 W 的行踪轨迹，随即联系本地及华山当地的警方帮忙寻找，同时联系到了学生家长，以走失为由通知家长尽快到校，并且请心理辅导老师介入，来稳定知情同学的情绪。

次日，学生家长到校后，学院党委副书记和辅导员接待了其父母，循序渐进地告知家长所有情况。在与家长充分沟通之后，校方及家长达成一致意见，即于当日赶往华山配合警方展开搜救工作，学院为家长预订了机票，并派辅导员全程陪同。后经查证，小 W 确实出现在华山，根据监控资料判断，确已坠亡。辅导员默默陪同，安抚家长的情绪。在配合当地警方办理完各种手续之后，辅导员陪同家长返回学校与校方商量此事件的处理。

返回学校后，学院党委副书记一方面安抚家长的情绪，一方面帮助家长联系保险赔付等相关事宜并以学院的名义给予学生

家长一定的经济援助。

最后,学院为家长预订了返程车票,并安排专车护送家长到车站。家长非常感激学院对整个事件的处理,没有任何过激情绪和行为。

处理完家长部分的工作之后,学院及时介入死者所在班级进行心理安抚。通过了解,该班同学中没有出现激烈情绪的情况,因此考虑由心理老师进行班级团体哀伤辅导。辅导中包括哀伤情绪的表达和共情、哀伤情绪的处理、死者告别仪式,以及讨论缺少死者的现有班级的未来规划。

(二)可借鉴的经验

1. 迅速反应

从收到小 T 的短信开始,所有学校相关职能部门负责人、学院领导及辅导员均在第一时间做出反应,马上成立了工作小组,使得每一步的处理都能及时有效且得当。

2. 周到地安排好家长到校之后的相关事宜

从通知家长到校的那天起,学院就做了周密的安排:从去车站接站、领导接待、食宿安排,到预订机票、专人陪同等都安排得细致周到,体现了学校对家长的关怀。

3. 主动为家长解决经济上的困难

主动帮助家长联系保险理赔,并给予了一定的经济援助。在事件处理过程中产生的全部费用,都由学院承担。

4. 做好家长及知情学生的情绪疏导工作

学院领导及辅导员表示充分理解家长失去孩子的悲痛心情,竭力协助家长疏解情绪。同时,派专业的心理老师对知情学生进行团体辅导和个别干预。

5. 班级哀伤辅导是危机后的重要环节

危机发生后，与当事人相关的室友、朋友、同学都成为重点关注对象。对于在危机事件中情绪表现过于激烈的同学要及时进行个别咨询，对于经历正常哀伤过程的其他同学通过团体辅导的方式协助大家处理哀伤情绪。

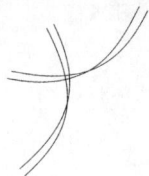

第四章　心理危机干预相关制度和法规

第一节　《大学生心理危机干预实施办法》

每个高校都有自己的情况，学校根据自身的特点制定相应的心理危机干预办法，作为危机事件发生时处理的有用指南。本书也尝试汇编了一份《大学生心理危机干预实施办法》，供读者参考。

大学生心理危机干预实施办法

第一章　总则

第一条　根据《中共中央国务院关于进一步加强和改进大学生思想政治教育的意见》（中发〔2004〕16 号），教育部、卫生部、共青团中央《关于进一步加强和改进大学生心理健康教育的意见》（教社政〔2005〕1号），《中国普通高校学校德育大纲》和《教育部关于加强普通高等学校大学生心理健康教育工作的意见》等文件精神，为了规范我校学生心理危机干预工作，促进学生健康成长，结合我校实际情况，特制定本办法。

第二条　学生心理危机干预的主要任务和内容：采取紧急应对的方法帮助危机者从心理上解决迫在眉睫的心理危机，使症状得到缓解和持久的消失，使心理功能恢复到心理危机前水平，并获得新的应对技能，以预防将来心理危机的发生。

第二章　组织机构

第三条　学校成立学生心理健康教育领导小组,成员由学校办公室、分管校领导、学工部、研工部、教务处、保卫处、公共事务管理处、教科学院、各学院学生工作负责人等组成,下设心理危机评估机构和执行机构。

职责:设立学生心理危机干预体系的工作目标,发布心理危机干预方案;定期评估学校学生心理危机干预体系的工作,评价各有关部门的成效,提出改进意见,协调校内外各个方面的关系。

第四条　心理危机评估机构成员由3~5名心理专家组成。

职责:对学生心理危机进行评估,制定危机事件处理方案,实施危机风险化解。

第五条　心理危机执行机构挂靠在校心理健康教育与指导中心。主要由学校心理健康教育与指导中心联合各学院心理健康教育指导教师负责实施危机风险化解。

第六条　各学院应发挥辅导员、班级心理委员、学生党员、学生骨干在学生心理危机干预中的积极作用。

第三章　干预对象

第七条　心理危机关注和干预的对象是存在心理危机倾向或处于心理危机状态的学生。经历心理危机一般指对象经历具有重大影响的生活事件,情绪剧烈波动,认知、躯体或行为方面有较大改变,且用平常解决问题的方法暂时不能应对眼前的危机。

第八条　对存在下列因素之一的学生,应作为心理危机干预的高危个体予以特别关注:

1. 遭遇突发事件而出现心理或行为异常的学生,如家庭发生重大变故、遭遇性危机、受到自然或社会意外刺激的学生。

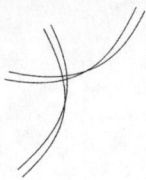

2. 患有严重心理疾病,如患有抑郁症、恐惧症、强迫症、癔症、焦虑症、精神分裂症、情感性精神病等疾病的学生。

3. 情绪低落抑郁的学生(时间超过半个月)。

4. 既往有自杀未遂史或家族中有自杀者的学生。

5. 身体患有严重疾病,个人很痛苦,治疗周期长的学生。

6. 因学习压力过大或学习困难而出现心理异常的学生。

7. 个人感情受挫后出现心理异常的学生。

8. 人际关系失调后出现心理异常的学生。

9. 性格过于内向、孤僻,缺乏社会支持的学生。

10. 严重环境适应不良导致心理异常的学生。

11. 因家境贫困、经济负担重而有强烈自卑感且出现心理异常的学生。

12. 出现严重适应不良导致心理或行为异常的学生,如适应不良的新生、就业困难的毕业生。

13. 存在明显的攻击性行为或暴力倾向,或其他可能对自身、他人、社会造成危害的学生。

14. 由于身边的同学出现个体危机状况而受到影响,产生恐慌、担心、焦虑、困扰的学生。

15. 在求职的过程中遭遇重大挫折或遭受他人的身心侵害,出现心理异常的学生。

第九条 近期发出下列警示信号的学生,应作为危机评估与干预的对象予以关注:

1. 谈论过自杀并考虑过自杀方法,包括在信件、日记、图画或乱涂乱画等的只言片语中流露出死亡念头者。

2. 不明原因突然给同学、朋友或家人送礼物、请客、赔礼道歉、述说告别的话等行为明显改变者。

3. 情绪突然明显异常者,如特别烦躁、高度焦虑、恐惧、易感情冲动、情绪异常低、情绪突然从低落变为平静或睡眠受到严重影响等。

第四章　早期预警

第十条　做好学生心理危机早期预警工作。对有心理危机倾向的学生要做到早发现、早汇报、早评估、早反馈、早干预,力争使学生心理危机的发生消除在萌芽状态。

第十一条　早发现。校心理健康教育与指导中心每年对全校新生进行心理健康普查,建立学生心理档案,并根据普查结果筛选出高危个体,建立"学生心理危机预警库",并与各学院一起做好这些学生的干预与跟踪控制工作。

第十二条　早汇报。为掌握全校学生心理健康的动态发展情况,班级心理委员定期向学院心理辅导员汇报班级学生心理状况,如有异常及时填写《班级学生心理异常状况报告表》;学院心理健康教育指导老师每月至少一次向学院学生工作负责人汇报学生心理健康情况,如有异常状况发生及时汇报。学院每月填写《学院学生心理异常状况汇总表》交至校心理健康教育与指导中心。

第十三条　早评估。心理健康教育与指导中心应及时对存在心理危机倾向学生的心理危机临床表现、社会支持系统和危机水平进行评估。

第十四条　早反馈。心理健康教育与指导中心应及时将进入"学生心理危机预警库"中的学生名单及其评估结果反馈给学院。

第五章　中期干预

第十五条　对于进入"学生心理危机预警库"的学生或突发心理危机的学生,应根据其心理危机程度,采取支持、阻控、监护、心理咨询、紧

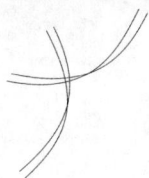

急救助等方法,实施心理危机干预,对于程度较重者,紧急通知其监护人并帮助送至医院进行诊疗。

第十六条　心理支持。学院心理健康教育指导教师、辅导员、班级心理委员、学生党员、学生骨干对有心理危机的学生应提供及时热情的帮助,学院应动员有心理危机的学生家长、朋友、室友对学生给予关爱与支持,必要时应要求学生亲人来校陪伴学生。

第十七条　及时阻止。对于学院可调控的引发学生心理危机的人、事或情景等刺激物,学院应协调有关部门及时阻断,消除对危机个体的持续不良刺激。对于危机个体遭遇刺激后引起紧张性反应可能攻击的对象,学院应采取保护或回避措施。心理咨询师、校医院在接待有心理危机的学生来访时,在其危机尚未解除的情况下,不应让学生离开,如怀疑是严重心理障碍和心理疾病,在积极与专业卫生机构联系的同时,报告给学生所在学院、学工部及校心理健康教育与指导中心。

第十八条　实时监护。对有心理危机的学生在校期间要进行监护,心理问题较轻、能在校正常学习者,在学院心理健康指导教师组织下成立以学生干部为负责人及同寝室同学为主的不少于三人的学生监护小组,以及时了解该生的心理与行为状况,对该生进行安全监护。监护小组应及时向学院汇报该生的情况,各学院应将该生在校期间的心理与行为状况及时向其家长反馈并取得家长的支持;对于心理问题程度较重,原则上学院应告知(函寄书面告知书或电话告知)该生家长领回并督促带其到专业机构治疗。在学院与学生家长做安全责任转交之前,学院应对该生作 24 小时特别监护。

第十九条　心理咨询。校心理健康教育与指导中心设立热线电话咨询和面对面咨询,对发出危机求助的学生提供咨询服务,缓解危机时紧张状况,开阔其意识范围,导入健康的认知成分,恢复其正常的心理机能。

第二十条　紧急救助。对学生突发性事故,学生所在学院、学工部、保卫处、校医院、校心理健康教育与指导中心等部门人员应在第一时间赶赴现场,向有关领导汇报情况,启动应急预案,进行紧急求助;学院应及时与学生家长或其法定监护人取得联系并做好当事人的安抚工作;学工部密切配合相关部门做好校内学生的稳定及相关工作;保卫处负责保护现场,协助有关部门对事故进行调查取证,配合学院及医疗部门对学生进行医疗救护过程中的安全监护;校医院负责对当事人实施紧急救治,或配合相关人员护送其入院治疗;校心理健康教育与指导中心负责制定心理救助方案,实施心理救治,稳定当事人情绪。

第六章　后期跟踪

第二十一条　因心理危机而休学的学生提交复学申请时,应出示康复证明,并到专业医院做复诊检查,复检通过后,方可办理复学手续。同时学院与其家长签订书面协议书,交学院与校心理健康教育与指导中心备案。

第二十二条　学生复学后,学院应对其学习、生活进行妥善安排,帮助该生建立良好的社会支持系统。应安排班级心理委员、学生骨干、室友对其进行密切监护,了解其心理变化情况,并制定可能发生危机的防备预案,随时防止该生心理状况的恶化。学院心理健康教育指导教师、辅导员每月与其谈心一次,并通过周围其他同学随时了解其心理状况,填写《学院学生心理健康状况表》,向校心理健康教育与指导中心报告该生的心理状况。

第二十三条　校心理健康教育与指导中心根据学院提供的情况,定期以预约咨询或随访咨询的形式,对这些学生的心理健康情况进行鉴定,并将鉴定结果及时反馈给学生所在的学院。

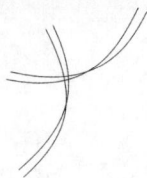

第二十四条　做好学生心理危机干预工作是一项长期任务、系统工程，为切实做好这项工作，应遵循以下制度：

1. 建立"学生心理危机预警库"制度。校心理健康教育与指导中心建立"学生心理危机预警库"，将全校有心理危机倾向及需要进行危机干预的学生信息录入其中，实行动态管理。校医院在诊治过程中发现的心理异常情况应及时与校心理健康教育与指导中心和学生所在学院联系。

2. 培训制度。校心理健康教育与指导中心应对班级心理委员实行定期培训，对教师、班主任进行心理危机知识的宣传。

3. 档案制度。各学院在开展危机干预与危机事故处理过程中，应做好资料的收集、保留及档案建立工作，包括与相关方面开展工作的重要电话记录、谈话录音、书信、照片等；学生发生突发性事故后，学生所在学院在事故处理后应将该生的详细资料提供给校心理健康教育与指导中心；学生因心理问题需请假三个月以上、退学、休学、转学、复学的，学院应填写《因心理原因休学、退学、转学、复学学生登记表》，将其详细资料上报校心理健康教育与指导中心。

4. 鉴定制度。学生因心理问题需休学、退学、转学、复学的，其病情应由专业医院进行鉴定。

5. 保密制度。参与危机干预工作的人员应对工作中所涉及干预对象的各种信息严格保密。

第八章　附则

第二十五条　各学院应针对本学院学生的实际情况，本着教育为主、及时干预、跟踪服务的原则，制定好本院学生心理危机干预工作的具体措施。

第二十六条　本办法自发布之日起实行，解释权归校心理健康教育与指导中心。

附件:

附件一　严重心理疾病学生应急、处理程序

附件二　协议书

附件三　班级学生心理异常状况报告表

附件四　学院学生心理异常状况汇总表

附件五　学生心理健康状况表

附件六　告知书

附件七　因心理原因休学、退学、转学、复学学生登记表

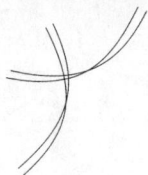

附件一 严重心理疾病学生应急、处理程序

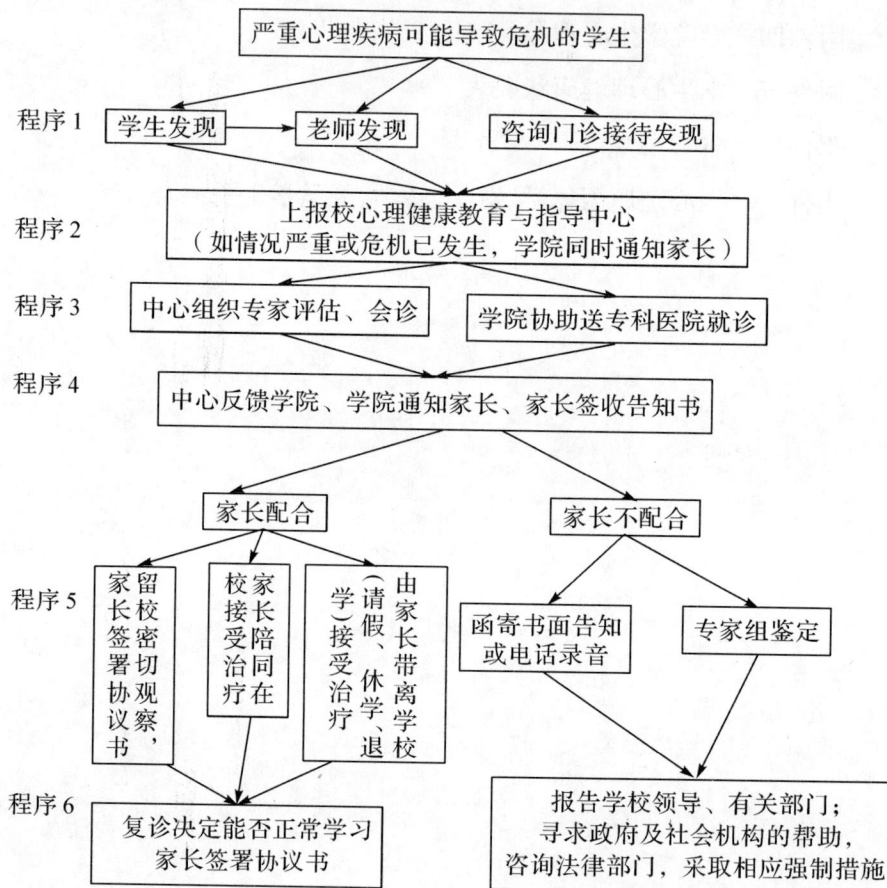

```
                    ┌──────────────────────────────┐
                    │ 严重心理疾病可能导致危机的学生 │
                    └──────────────────────────────┘
程序1    ┌─────────┐  ┌─────────┐   ┌──────────────┐
         │学生发现 │→ │老师发现 │   │咨询门诊接待发现│
         └─────────┘  └─────────┘   └──────────────┘

程序2    ┌──────────────────────────────────────────┐
         │          上报校心理健康教育与指导中心        │
         │（如情况严重或危机已发生，学院同时通知家长）    │
         └──────────────────────────────────────────┘

程序3    ┌──────────────────┐  ┌──────────────────┐
         │中心组织专家评估、会诊│  │学院协助送专科医院就诊│
         └──────────────────┘  └──────────────────┘

程序4    ┌────────────────────────────────────┐
         │中心反馈学院、学院通知家长、家长签收告知书│
         └────────────────────────────────────┘

                 ┌────────┐              ┌────────┐
                 │家长配合 │              │家长不配合│
                 └────────┘              └────────┘

程序5  留校│校家│由家长     函寄书面告知   专家组鉴定
       家长│家长│带离学校    或电话录音
       签署│陪同│（请假、
       协议│接受│休学、
       观察│治疗│退学）接受治疗
       书，│在校│

程序6    ┌──────────────────┐     ┌──────────────────────────┐
         │复诊决定能否正常学习  │     │报告学校领导、有关部门；      │
         │家长签署协议书        │     │寻求政府及社会机构的帮助，    │
         └──────────────────┘     │咨询法律部门，采取相应强制措施│
                                    └──────────────────────────┘
```

附件二　协议书

协议书（适用于暂未经过治疗的学生）

甲方：

乙方：××大学××学院

甲方在校学习期间被诊断患有×××，考虑到该生目前状况及所患疾病不适宜在校学习的事实，为了满足学生及其家长所提出的继续完成学业的愿望，学院经研究决定，同意与甲方签订如下协议：

1. 校心理健康教育中心的专家组评估甲方可能存在较为严重的心理问题或心理危机，建议其监护人尽快带其到专科医院进行诊断治疗。其监护人的意见为×××。

2. 甲方在校学习期间因所患疾病导致的危害个人（自残、自杀、出走）、危害学校（伤害他人、破坏财产、扰乱正常的教育教学秩序）、危害社会的一切不良后果，由甲方负责。

3. 甲方在校学习期间，乙方应对其学习生活进行妥善安排，帮助该生建立良好的社会支持系统。应安排班级心理委员、学生骨干、室友对其进行帮助，努力关注其心理波动情况并及时与家长取得联系。

本协议一式两份，甲、乙双方各执一份。

甲方　　　　　　　　　　　　乙方

学生签名　　　　　　　　　　学院（盖章）

学生家长签名（盖章）　　　　负责人签名

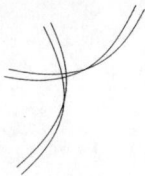

协议书（适用于已经经过治疗的学生）

甲方：

乙方：××大学××学院

甲方在校学习期间被诊断患有×××，考虑到该生目前状况及所患疾病不适宜在校学习的事实，为了满足学生及其家长所提出的继续完成学业的愿望，学院经研究决定，同意与甲方签订如下协议：

1.甲方所患×××疾病，经治疗目前暂时稳定，可以基本恢复正常的学习与生活。甲方已向乙方如实反映了治疗情况，并出示了治疗证明，保证所出示的诊断书及治疗证明确系具备鉴定精神障碍资质的专门机构出具，且真实可靠。

2.甲方在校学习期间因所患疾病导致的危害个人（自残、自杀、出走）、危害学校（伤害他人、破坏财产、扰乱正常的教育教学秩序）、危害社会的一切不良后果，由甲方负责。乙方概不负责。

3.甲方在校学习期间，乙方应对其学习生活进行妥善安排，帮助该生建立良好的社会支持系统。应安排班级心理委员、学生骨干、室友对其进行帮助，努力关注其心理波动情况并及时与家长取得联系。

本协议一式两份，甲、乙双方各执一份。

甲方   乙方

学生签名   学院（盖章）

学生家长签名（盖章）   负责人签名

附件三　班级学生心理异常状况报告表

×××学院×××班　　　　　　　　　　　　　　年　月　日

姓名		专业		班级	
性别		民族		出生年月	
所在宿舍		联系电话		政治面貌	
问题表现及起因					
备注					

附件四　学院学生心理异常状况汇总表

年　月　日

班级	姓名	性别	问题表现及起因	发现时间	已采取措施	目前状况	所在宿舍	联系方式

附件五　学生心理健康状况表

姓名：	学号：	性别：	院系：	辅导员：
手机：	所在宿舍：	家庭电话：	E-mail：	联系方式：

症状表现	
初步诊断	
解决方式	
处理效果	

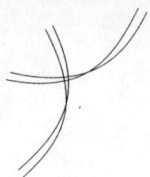

附件六　告知书

版本 1(适用于纳入心理危机档案,危险程度较高,需带离学校观察治疗,但家长不愿意带离也不愿意在校陪读的学生)

告　知　书

×××先生/女士：

您好！

您的孩子×××同学,为我校××学院××专业××班学生(学号：×××××)。在校就读期间(症状起始时间)出现×××××××××××××××××××××(表现和症状),经××××(学校心理健康教育中心或某专科医院某医生)诊治初步确定为×××,(最近情况加重),可能会出现×××××××(后果)。现将情况告知家长,学校建议家长将学生带离学校,接受正规诊疗,经医院治疗确定学生情绪稳定后,再回学校继续修完学业。否则学生在校期间一旦病情发作出现伤害他人或自我伤害等行为将视为家长责任。希望家长慎重考虑！

××大学××学院

××年××月××日

家长意见：(本人已获悉孩子在校的情况及可能产生的后果,经与家人商议决定××××××××××,承诺孩子在校期间因病情发作出现伤害他人或自我伤害等行为由家长承担责任。)

家长签字：×××

日期：×××××××××

版本 2(适用于纳入心理危机档案,但危险程度不高,可继续在校观察的
学生)

告　知　书

×××先生/女士:

　　您好!

　　您的孩子×××同学,为我校××学院××专业××班学生(学号:
××××)。在校就读期间出现×××××××××××××××
×(表现和症状),经××××(学校心理健康教育中心或某专科医院某
医生)诊治初步确定为×××,可能会出现×××××××(后果)。现
将情况告知家长,请家长引起高度重视,积极关注孩子的动态变化,与学
校配合,共同促进他(她)的身心健康发展。

××大学××学院

××年××月××日

　　家长意见:(本人已获悉孩子在校的情况及可能产生的后果,愿与校
方积极配合共同促进孩子的身心健康发展。)

家长签字:×××

日期:××××××

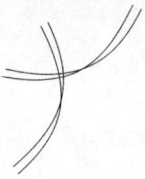

附件七　因心理原因休学、退学、转学、复学学生登记表

姓名：	学号：	性别：	院系：	辅导员：
手机：	所在宿舍：	家庭电话：	E-mail：	联系方式：

症状诊断	
治疗措施及效果	
医院复查结果及医生建议	
其监护人意见	

第二节 《中华人民共和国精神卫生法》

随着人们对心理健康的关注,国家于 2012 年颁布了我国第一部精神卫生法,从此,心理健康工作进入了有法可依的时代。以下为《中华人民共和国精神卫生法》全文。

中华人民共和国精神卫生法

(2012 年 10 月 26 日第十一届全国人民代表大会
常务委员会第二十九次会议通过)

目 录

第一章 总 则

第一条 为了发展精神卫生事业,规范精神卫生服务,维护精神障碍患者的合法权益,制定本法。

第二条 在中华人民共和国境内开展维护和增进公民心理健康、预防和治疗精神障碍、促进精神障碍患者康复的活动,适用本法。

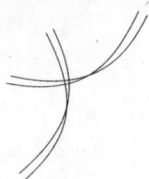

第三条　精神卫生工作实行预防为主的方针，坚持预防、治疗和康复相结合的原则。

第四条　精神障碍患者的人格尊严、人身和财产安全不受侵犯。

精神障碍患者的教育、劳动、医疗以及从国家和社会获得物质帮助等方面的合法权益受法律保护。

有关单位和个人应当对精神障碍患者的姓名、肖像、住址、工作单位、病历资料以及其他可能推断出其身份的信息予以保密；但是，依法履行职责需要公开的除外。

第五条　全社会应当尊重、理解、关爱精神障碍患者。

任何组织或者个人不得歧视、侮辱、虐待精神障碍患者，不得非法限制精神障碍患者的人身自由。

新闻报道和文学艺术作品等不得含有歧视、侮辱精神障碍患者的内容。

第六条　精神卫生工作实行政府组织领导、部门各负其责、家庭和单位尽力尽责、全社会共同参与的综合管理机制。

第七条　县级以上人民政府领导精神卫生工作，将其纳入国民经济和社会发展规划，建设和完善精神障碍的预防、治疗和康复服务体系，建立健全精神卫生工作协调机制和工作责任制，对有关部门承担的精神卫生工作进行考核、监督。

乡镇人民政府和街道办事处根据本地区的实际情况，组织开展预防精神障碍发生、促进精神障碍患者康复等工作。

第八条　国务院卫生行政部门主管全国的精神卫生工作。县级以上地方人民政府卫生行政部门主管本行政区域的精神卫生工作。

县级以上人民政府司法行政、民政、公安、教育、人力资源社会保障等部门在各自职责范围内负责有关的精神卫生工作。

第九条　精神障碍患者的监护人应当履行监护职责,维护精神障碍患者的合法权益。

禁止对精神障碍患者实施家庭暴力,禁止遗弃精神障碍患者。

第十条　中国残疾人联合会及其地方组织依照法律、法规或者接受政府委托,动员社会力量,开展精神卫生工作。

村民委员会、居民委员会依照本法的规定开展精神卫生工作,并对所在地人民政府开展的精神卫生工作予以协助。

国家鼓励和支持工会、共产主义青年团、妇女联合会、红十字会、科学技术协会等团体依法开展精神卫生工作。

第十一条　国家鼓励和支持开展精神卫生专门人才的培养,维护精神卫生工作人员的合法权益,加强精神卫生专业队伍建设。

国家鼓励和支持开展精神卫生科学技术研究,发展现代医学、我国传统医学、心理学,提高精神障碍预防、诊断、治疗、康复的科学技术水平。

国家鼓励和支持开展精神卫生领域的国际交流与合作。

第十二条　各级人民政府和县级以上人民政府有关部门应当采取措施,鼓励和支持组织、个人提供精神卫生志愿服务,捐助精神卫生事业,兴建精神卫生公益设施。

对在精神卫生工作中作出突出贡献的组织、个人,按照国家有关规定给予表彰、奖励。

第二章　心理健康促进和精神障碍预防

第十三条　各级人民政府和县级以上人民政府有关部门应当采取措施,加强心理健康促进和精神障碍预防工作,提高公众心理健康水平。

第十四条　各级人民政府和县级以上人民政府有关部门制定的突

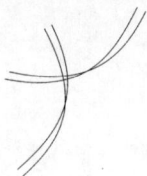

发事件应急预案,应当包括心理援助的内容。发生突发事件,履行统一领导职责或者组织处置突发事件的人民政府应当根据突发事件的具体情况,按照应急预案的规定,组织开展心理援助工作。

第十五条　用人单位应当创造有益于职工身心健康的工作环境,关注职工的心理健康;对处于职业发展特定时期或者在特殊岗位工作的职工,应当有针对性地开展心理健康教育。

第十六条　各级各类学校应当对学生进行精神卫生知识教育;配备或者聘请心理健康教育教师、辅导人员,并可以设立心理健康辅导室,对学生进行心理健康教育。学前教育机构应当对幼儿开展符合其特点的心理健康教育。

发生自然灾害、意外伤害、公共安全事件等可能影响学生心理健康的事件,学校应当及时组织专业人员对学生进行心理援助。

教师应当学习和了解相关的精神卫生知识,关注学生心理健康状况,正确引导、激励学生。地方各级人民政府教育行政部门和学校应当重视教师心理健康。

学校和教师应当与学生父母或者其他监护人、近亲属沟通学生心理健康情况。

第十七条　医务人员开展疾病诊疗服务,应当按照诊断标准和治疗规范的要求,对就诊者进行心理健康指导;发现就诊者可能患有精神障碍的,应当建议其到符合本法规定的医疗机构就诊。

第十八条　监狱、看守所、拘留所、强制隔离戒毒所等场所,应当对服刑人员,被依法拘留、逮捕、强制隔离戒毒的人员等,开展精神卫生知识宣传,关注其心理健康状况,必要时提供心理咨询和心理辅导。

第十九条　县级以上地方人民政府人力资源社会保障、教育、卫生、司法行政、公安等部门应当在各自职责范围内分别对本法第十五条至第十八条规定的单位履行精神障碍预防义务的情况进行督促和指导。

第二十条　村民委员会、居民委员会应当协助所在地人民政府及其有关部门开展社区心理健康指导、精神卫生知识宣传教育活动,创建有益于居民身心健康的社区环境。

乡镇卫生院或者社区卫生服务机构应当为村民委员会、居民委员会开展社区心理健康指导、精神卫生知识宣传教育活动提供技术指导。

第二十一条　家庭成员之间应当相互关爱,创造良好、和睦的家庭环境,提高精神障碍预防意识;发现家庭成员可能患有精神障碍的,应当帮助其及时就诊,照顾其生活,做好看护管理。

第二十二条　国家鼓励和支持新闻媒体、社会组织开展精神卫生的公益性宣传,普及精神卫生知识,引导公众关注心理健康,预防精神障碍的发生。

第二十三条　心理咨询人员应当提高业务素质,遵守执业规范,为社会公众提供专业化的心理咨询服务。

心理咨询人员不得从事心理治疗或者精神障碍的诊断、治疗。

心理咨询人员发现接受咨询的人员可能患有精神障碍的,应当建议其到符合本法规定的医疗机构就诊。

心理咨询人员应当尊重接受咨询人员的隐私,并为其保守秘密。

第二十四条　国务院卫生行政部门建立精神卫生监测网络,实行严重精神障碍发病报告制度,组织开展精神障碍发生状况、发展趋势等的监测和专题调查工作。精神卫生监测和严重精神障碍发病报告管理办法,由国务院卫生行政部门制定。

国务院卫生行政部门应当会同有关部门、组织,建立精神卫生工作信息共享机制,实现信息互联互通、交流共享。

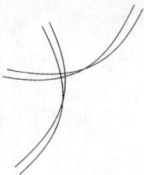

第三章　精神障碍的诊断和治疗

第二十五条　开展精神障碍诊断、治疗活动,应当具备下列条件,并依照医疗机构的管理规定办理有关手续:

(一)有与从事的精神障碍诊断、治疗相适应的精神科执业医师、护士;

(二)有满足开展精神障碍诊断、治疗需要的设施和设备;

(三)有完善的精神障碍诊断、治疗管理制度和质量监控制度。

从事精神障碍诊断、治疗的专科医疗机构还应当配备从事心理治疗的人员。

第二十六条　精神障碍的诊断、治疗,应当遵循维护患者合法权益、尊重患者人格尊严的原则,保障患者在现有条件下获得良好的精神卫生服务。

精神障碍分类、诊断标准和治疗规范,由国务院卫生行政部门组织制定。

第二十七条　精神障碍的诊断应当以精神健康状况为依据。

除法律另有规定外,不得违背本人意志进行确定其是否患有精神障碍的医学检查。

第二十八条　除个人自行到医疗机构进行精神障碍诊断外,疑似精神障碍患者的近亲属可以将其送往医疗机构进行精神障碍诊断。对查找不到近亲属的流浪乞讨疑似精神障碍患者,由当地民政等有关部门按照职责分工,帮助送往医疗机构进行精神障碍诊断。

疑似精神障碍患者发生伤害自身、危害他人安全的行为,或者有伤害自身、危害他人安全的危险的,其近亲属、所在单位、当地公安机关应当立即采取措施予以制止,并将其送往医疗机构进行精神障碍诊断。

医疗机构接到送诊的疑似精神障碍患者,不得拒绝为其作出诊断。

第二十九条 精神障碍的诊断应当由精神科执业医师作出。

医疗机构接到依照本法第二十八条第二款规定送诊的疑似精神障碍患者,应当将其留院,立即指派精神科执业医师进行诊断,并及时出具诊断结论。

第三十条 精神障碍的住院治疗实行自愿原则。

诊断结论、病情评估表明,就诊者为严重精神障碍患者并有下列情形之一的,应当对其实施住院治疗:

(一)已经发生伤害自身的行为,或者有伤害自身的危险的;

(二)已经发生危害他人安全的行为,或者有危害他人安全的危险的。

第三十一条 精神障碍患者有本法第三十条第二款第一项情形的,经其监护人同意,医疗机构应当对患者实施住院治疗;监护人不同意的,医疗机构不得对患者实施住院治疗。监护人应当对在家居住的患者做好看护管理。

第三十二条 精神障碍患者有本法第三十条第二款第二项情形,患者或者其监护人对需要住院治疗的诊断结论有异议,不同意对患者实施住院治疗的,可以要求再次诊断和鉴定。

依照前款规定要求再次诊断的,应当自收到诊断结论之日起三日内向原医疗机构或者其他具有合法资质的医疗机构提出。承担再次诊断的医疗机构应当在接到再次诊断要求后指派二名初次诊断医师以外的精神科执业医师进行再次诊断,并及时出具再次诊断结论。承担再次诊断的执业医师应当到收治患者的医疗机构面见、询问患者,该医疗机构应当予以配合。

对再次诊断结论有异议的,可以自主委托依法取得执业资质的鉴定

111

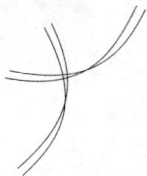

机构进行精神障碍医学鉴定;医疗机构应当公示经公告的鉴定机构名单和联系方式。接受委托的鉴定机构应当指定本机构具有该鉴定事项执业资格的二名以上鉴定人共同进行鉴定,并及时出具鉴定报告。

第三十三条　鉴定人应当到收治精神障碍患者的医疗机构面见、询问患者,该医疗机构应当予以配合。

鉴定人本人或者其近亲属与鉴定事项有利害关系,可能影响其独立、客观、公正进行鉴定的,应当回避。

第三十四条　鉴定机构、鉴定人应当遵守有关法律、法规、规章的规定,尊重科学,恪守职业道德,按照精神障碍鉴定的实施程序、技术方法和操作规范,依法独立进行鉴定,出具客观、公正的鉴定报告。

鉴定人应当对鉴定过程进行实时记录并签名。记录的内容应当真实、客观、准确、完整,记录的文本或者声像载体应当妥善保存。

第三十五条　再次诊断结论或者鉴定报告表明,不能确定就诊者为严重精神障碍患者,或者患者不需要住院治疗的,医疗机构不得对其实施住院治疗。

再次诊断结论或者鉴定报告表明,精神障碍患者有本法第三十条第二款第二项情形的,其监护人应当同意对患者实施住院治疗。监护人阻碍实施住院治疗或者患者擅自脱离住院治疗的,可以由公安机关协助医疗机构采取措施对患者实施住院治疗。

在相关机构出具再次诊断结论、鉴定报告前,收治精神障碍患者的医疗机构应当按照诊疗规范的要求对患者实施住院治疗。

第三十六条　诊断结论表明需要住院治疗的精神障碍患者,本人没有能力办理住院手续的,由其监护人办理住院手续;患者属于查找不到监护人的流浪乞讨人员的,由送诊的有关部门办理住院手续。

精神障碍患者有本法第三十条第二款第二项情形,其监护人不办理住院手续的,由患者所在单位、村民委员会或者居民委员会办理住院手续,并由医疗机构在患者病历中予以记录。

第三十七条　医疗机构及其医务人员应当将精神障碍患者在诊断、治疗过程中享有的权利,告知患者或者其监护人。

第三十八条　医疗机构应当配备适宜的设施、设备,保护就诊和住院治疗的精神障碍患者的人身安全,防止其受到伤害,并为住院患者创造尽可能接近正常生活的环境和条件。

第三十九条　医疗机构及其医务人员应当遵循精神障碍诊断标准和治疗规范,制定治疗方案,并向精神障碍患者或者其监护人告知治疗方案和治疗方法、目的以及可能产生的后果。

第四十条　精神障碍患者在医疗机构内发生或者将要发生伤害自身、危害他人安全、扰乱医疗秩序的行为,医疗机构及其医务人员在没有其他可替代措施的情况下,可以实施约束、隔离等保护性医疗措施。实施保护性医疗措施应当遵循诊断标准和治疗规范,并在实施后告知患者的监护人。

禁止利用约束、隔离等保护性医疗措施惩罚精神障碍患者。

第四十一条　对精神障碍患者使用药物,应当以诊断和治疗为目的,使用安全、有效的药物,不得为诊断或者治疗以外的目的使用药物。

医疗机构不得强迫精神障碍患者从事生产劳动。

第四十二条　禁止对依照本法第三十条第二款规定实施住院治疗的精神障碍患者实施以治疗精神障碍为目的的外科手术。

第四十三条　医疗机构对精神障碍患者实施下列治疗措施,应当向患者或者其监护人告知医疗风险、替代医疗方案等情况,并取得患者的书面同意;无法取得患者意见的,应当取得其监护人的书面同意,并经本医疗机构伦理委员会批准:

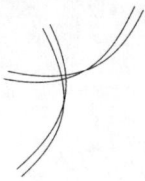

（一）导致人体器官丧失功能的外科手术；

（二）与精神障碍治疗有关的实验性临床医疗。

实施前款第一项治疗措施，因情况紧急查找不到监护人的，应当取得本医疗机构负责人和伦理委员会批准。

禁止对精神障碍患者实施与治疗其精神障碍无关的实验性临床医疗。

第四十四条 自愿住院治疗的精神障碍患者可以随时要求出院，医疗机构应当同意。

对有本法第三十条第二款第一项情形的精神障碍患者实施住院治疗的，监护人可以随时要求患者出院，医疗机构应当同意。

医疗机构认为前两款规定的精神障碍患者不宜出院的，应当告知不宜出院的理由；患者或者其监护人仍要求出院的，执业医师应当在病历资料中详细记录告知的过程，同时提出出院后的医学建议，患者或者其监护人应当签字确认。

对有本法第三十条第二款第二项情形的精神障碍患者实施住院治疗，医疗机构认为患者可以出院的，应当立即告知患者及其监护人。

医疗机构应当根据精神障碍患者病情，及时组织精神科执业医师对依照本法第三十条第二款规定实施住院治疗的患者进行检查评估。评估结果表明患者不需要继续住院治疗的，医疗机构应当立即通知患者及其监护人。

第四十五条 精神障碍患者出院，本人没有能力办理出院手续的，监护人应当为其办理出院手续。

第四十六条 医疗机构及其医务人员应当尊重住院精神障碍患者的通讯和会见探访者等权利。除在急性发病期或者为了避免妨碍治疗可以暂时性限制外，不得限制患者的通讯和会见探访者等权利。

第四十七条　医疗机构及其医务人员应当在病历资料中如实记录精神障碍患者的病情、治疗措施、用药情况、实施约束、隔离措施等内容，并如实告知患者或者其监护人。患者及其监护人可以查阅、复制病历资料；但是，患者查阅、复制病历资料可能对其治疗产生不利影响的除外。病历资料保存期限不得少于三十年。

第四十八条　医疗机构不得因就诊者是精神障碍患者，推诿或者拒绝为其治疗属于本医疗机构诊疗范围的其他疾病。

第四十九条　精神障碍患者的监护人应当妥善看护未住院治疗的患者，按照医嘱督促其按时服药、接受随访或者治疗。村民委员会、居民委员会、患者所在单位等应当依患者或者其监护人的请求，对监护人看护患者提供必要的帮助。

第五十条　县级以上地方人民政府卫生行政部门应当定期就下列事项对本行政区域内从事精神障碍诊断、治疗的医疗机构进行检查：

（一）相关人员、设施、设备是否符合本法要求；

（二）诊疗行为是否符合本法以及诊断标准、治疗规范的规定；

（三）对精神障碍患者实施住院治疗的程序是否符合本法规定；

（四）是否依法维护精神障碍患者的合法权益。

县级以上地方人民政府卫生行政部门进行前款规定的检查，应当听取精神障碍患者及其监护人的意见；发现存在违反本法行为的，应当立即制止或者责令改正，并依法作出处理。

第五十一条　心理治疗活动应当在医疗机构内开展。专门从事心理治疗的人员不得从事精神障碍的诊断，不得为精神障碍患者开具处方或者提供外科治疗。心理治疗的技术规范由国务院卫生行政部门制定。

第五十二条　监狱、强制隔离戒毒所等场所应当采取措施，保证患有精神障碍的服刑人员、强制隔离戒毒人员等获得治疗。

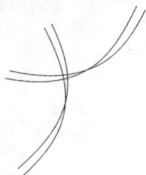

第五十三条　精神障碍患者违反治安管理处罚法或者触犯刑法的，依照有关法律的规定处理。

第四章　精神障碍的康复

第五十四条　社区康复机构应当为需要康复的精神障碍患者提供场所和条件，对患者进行生活自理能力和社会适应能力等方面的康复训练。

第五十五条　医疗机构应当为在家居住的严重精神障碍患者提供精神科基本药物维持治疗，并为社区康复机构提供有关精神障碍康复的技术指导和支持。

社区卫生服务机构、乡镇卫生院、村卫生室应当建立严重精神障碍患者的健康档案，对在家居住的严重精神障碍患者进行定期随访，指导患者服药和开展康复训练，并对患者的监护人进行精神卫生知识和看护知识的培训。县级人民政府卫生行政部门应当为社区卫生服务机构、乡镇卫生院、村卫生室开展上述工作给予指导和培训。

第五十六条　村民委员会、居民委员会应当为生活困难的精神障碍患者家庭提供帮助，并向所在地乡镇人民政府或者街道办事处以及县级人民政府有关部门反映患者及其家庭的情况和要求，帮助其解决实际困难，为患者融入社会创造条件。

第五十七条　残疾人组织或者残疾人康复机构应当根据精神障碍患者康复的需要，组织患者参加康复活动。

第五十八条　用人单位应当根据精神障碍患者的实际情况，安排患者从事力所能及的工作，保障患者享有同等待遇，安排患者参加必要的职业技能培训，提高患者的就业能力，为患者创造适宜的工作环境，对患者在工作中取得的成绩予以鼓励。

第五十九条 精神障碍患者的监护人应当协助患者进行生活自理能力和社会适应能力等方面的康复训练。

精神障碍患者的监护人在看护患者过程中需要技术指导的,社区卫生服务机构或者乡镇卫生院、村卫生室、社区康复机构应当提供。

第五章　保障措施

第六十条 县级以上人民政府卫生行政部门会同有关部门依据国民经济和社会发展规划的要求,制定精神卫生工作规划并组织实施。

精神卫生监测和专题调查结果应当作为制定精神卫生工作规划的依据。

第六十一条 省、自治区、直辖市人民政府根据本行政区域的实际情况,统筹规划,整合资源,建设和完善精神卫生服务体系,加强精神障碍预防、治疗和康复服务能力建设。

县级人民政府根据本行政区域的实际情况,统筹规划,建立精神障碍患者社区康复机构。

县级以上地方人民政府应当采取措施,鼓励和支持社会力量举办从事精神障碍诊断、治疗的医疗机构和精神障碍患者康复机构。

第六十二条 各级人民政府应当根据精神卫生工作需要,加大财政投入力度,保障精神卫生工作所需经费,将精神卫生工作经费列入本级财政预算。

第六十三条 国家加强基层精神卫生服务体系建设,扶持贫困地区、边远地区的精神卫生工作,保障城市社区、农村基层精神卫生工作所需经费。

第六十四条 医学院校应当加强精神医学的教学和研究,按照精神卫生工作的实际需要培养精神医学专门人才,为精神卫生工作提供人才

117

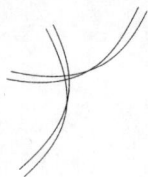

保障。

第六十五条　综合性医疗机构应当按照国务院卫生行政部门的规定开设精神科门诊或者心理治疗门诊,提高精神障碍预防、诊断、治疗能力。

第六十六条　医疗机构应当组织医务人员学习精神卫生知识和相关法律、法规、政策。

从事精神障碍诊断、治疗、康复的机构应当定期组织医务人员、工作人员进行在岗培训,更新精神卫生知识。

县级以上人民政府卫生行政部门应当组织医务人员进行精神卫生知识培训,提高其识别精神障碍的能力。

第六十七条　师范院校应当为学生开设精神卫生课程;医学院校应当为非精神医学专业的学生开设精神卫生课程。

县级以上人民政府教育行政部门对教师进行上岗前和在岗培训,应当有精神卫生的内容,并定期组织心理健康教育教师、辅导人员进行专业培训。

第六十八条　县级以上人民政府卫生行政部门应当组织医疗机构为严重精神障碍患者免费提供基本公共卫生服务。

精神障碍患者的医疗费用按照国家有关社会保险的规定由基本医疗保险基金支付。医疗保险经办机构应当按照国家有关规定将精神障碍患者纳入城镇职工基本医疗保险、城镇居民基本医疗保险或者新型农村合作医疗的保障范围。县级人民政府应当按照国家有关规定对家庭经济困难的严重精神障碍患者参加基本医疗保险给予资助。人力资源社会保障、卫生、民政、财政等部门应当加强协调,简化程序,实现属于基本医疗保险基金支付的医疗费用由医疗机构与医疗保险经办机构直接结算。

精神障碍患者通过基本医疗保险支付医疗费用后仍有困难,或者不能通过基本医疗保险支付医疗费用的,民政部门应当优先给予医疗救助。

第六十九条 对符合城乡最低生活保障条件的严重精神障碍患者,民政部门应当会同有关部门及时将其纳入最低生活保障。

对属于农村五保供养对象的严重精神障碍患者,以及城市中无劳动能力、无生活来源且无法定赡养、抚养、扶养义务人,或者其法定赡养、抚养、扶养义务人无赡养、抚养、扶养能力的严重精神障碍患者,民政部门应当按照国家有关规定予以供养、救助。

前两款规定以外的严重精神障碍患者确有困难的,民政部门可以采取临时救助等措施,帮助其解决生活困难。

第七十条 县级以上地方人民政府及其有关部门应当采取有效措施,保证患有精神障碍的适龄儿童、少年接受义务教育,扶持有劳动能力的精神障碍患者从事力所能及的劳动,并为已经康复的人员提供就业服务。

国家对安排精神障碍患者就业的用人单位依法给予税收优惠,并在生产、经营、技术、资金、物资、场地等方面给予扶持。

第七十一条 精神卫生工作人员的人格尊严、人身安全不受侵犯,精神卫生工作人员依法履行职责受法律保护。全社会应当尊重精神卫生工作人员。

县级以上人民政府及其有关部门、医疗机构、康复机构应当采取措施,加强对精神卫生工作人员的职业保护,提高精神卫生工作人员的待遇水平,并按照规定给予适当的津贴。精神卫生工作人员因工致伤、致残、死亡的,其工伤待遇以及抚恤按照国家有关规定执行。

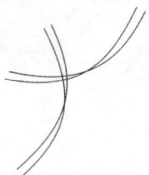

第六章　法律责任

第七十二条　县级以上人民政府卫生行政部门和其他有关部门未依照本法规定履行精神卫生工作职责，或者滥用职权、玩忽职守、徇私舞弊的，由本级人民政府或者上一级人民政府有关部门责令改正，通报批评，对直接负责的主管人员和其他直接责任人员依法给予警告、记过或者记大过的处分；造成严重后果的，给予降级、撤职或者开除的处分。

第七十三条　不符合本法规定条件的医疗机构擅自从事精神障碍诊断、治疗的，由县级以上人民政府卫生行政部门责令停止相关诊疗活动，给予警告，并处五千元以上一万元以下罚款，有违法所得的，没收违法所得；对直接负责的主管人员和其他直接责任人员依法给予或者责令给予降低岗位等级或者撤职、开除的处分；对有关医务人员，吊销其执业证书。

第七十四条　医疗机构及其工作人员有下列行为之一的，由县级以上人民政府卫生行政部门责令改正，给予警告；情节严重的，对直接负责的主管人员和其他直接责任人员依法给予或者责令给予降低岗位等级或者撤职、开除的处分，并可以责令有关医务人员暂停一个月以上六个月以下执业活动：

（一）拒绝对送诊的疑似精神障碍患者作出诊断的；

（二）对依照本法第三十条第二款规定实施住院治疗的患者未及时进行检查评估或者未根据评估结果作出处理的。

第七十五条　医疗机构及其工作人员有下列行为之一的，由县级以上人民政府卫生行政部门责令改正，对直接负责的主管人员和其他直接责任人员依法给予或者责令给予降低岗位等级或者撤职的处分；对有关医务人员，暂停六个月以上一年以下执业活动；情节严重的，给予或者责令给予开除的处分，并吊销有关医务人员的执业证书：

（一）违反本法规定实施约束、隔离等保护性医疗措施的；

（二）违反本法规定，强迫精神障碍患者劳动的；

（三）违反本法规定对精神障碍患者实施外科手术或者实验性临床医疗的；

（四）违反本法规定，侵害精神障碍患者的通讯和会见探访者等权利的；

（五）违反精神障碍诊断标准，将非精神障碍患者诊断为精神障碍患者的。

第七十六条 有下列情形之一的，由县级以上人民政府卫生行政部门、工商行政管理部门依据各自职责责令改正，给予警告，并处五千元以上一万元以下罚款，有违法所得的，没收违法所得；造成严重后果的，责令暂停六个月以上一年以下执业活动，直至吊销执业证书或者营业执照：

（一）心理咨询人员从事心理治疗或者精神障碍的诊断、治疗的；

（二）从事心理治疗的人员在医疗机构以外开展心理治疗活动的；

（三）专门从事心理治疗的人员从事精神障碍的诊断的；

（四）专门从事心理治疗的人员为精神障碍患者开具处方或者提供外科治疗的。

心理咨询人员、专门从事心理治疗的人员在心理咨询、心理治疗活动中造成他人人身、财产或者其他损害的，依法承担民事责任。

第七十七条 有关单位和个人违反本法第四条第三款规定，给精神障碍患者造成损害的，依法承担赔偿责任；对单位直接负责的主管人员和其他直接责任人员，还应当依法给予处分。

第七十八条 违反本法规定，有下列情形之一，给精神障碍患者或

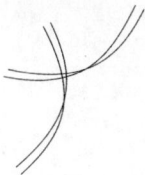

者其他公民造成人身、财产或者其他损害的,依法承担赔偿责任:

（一）将非精神障碍患者故意作为精神障碍患者送入医疗机构治疗的;

（二）精神障碍患者的监护人遗弃患者,或者有不履行监护职责的其他情形的;

（三）歧视、侮辱、虐待精神障碍患者,侵害患者的人格尊严、人身安全的;

（四）非法限制精神障碍患者人身自由的;

（五）其他侵害精神障碍患者合法权益的情形。

第七十九条　医疗机构出具的诊断结论表明精神障碍患者应当住院治疗而其监护人拒绝,致使患者造成他人人身、财产损害的,或者患者有其他造成他人人身、财产损害情形的,其监护人依法承担民事责任。

第八十条　在精神障碍的诊断、治疗、鉴定过程中,寻衅滋事,阻挠有关工作人员依照本法的规定履行职责,扰乱医疗机构、鉴定机构工作秩序的,依法给予治安管理处罚。

违反本法规定,有其他构成违反治安管理行为的,依法给予治安管理处罚。

第八十一条　违反本法规定,构成犯罪的,依法追究刑事责任。

第八十二条　精神障碍患者或者其监护人、近亲属认为行政机关、医疗机构或者其他有关单位和个人违反本法规定侵害患者合法权益的,可以依法提起诉讼。

第七章　附　则

第八十三条　本法所称精神障碍,是指由各种原因引起的感知、情感和思维等精神活动的紊乱或者异常,导致患者明显的心理痛苦或者社会适应等功能损害。

本法所称严重精神障碍,是指疾病症状严重,导致患者社会适应等功能严重损害、对自身健康状况或者客观现实不能完整认识,或者不能处理自身事务的精神障碍。

本法所称精神障碍患者的监护人,是指依照民法通则的有关规定可以担任监护人的人。

第八十四条 军队的精神卫生工作,由国务院和中央军事委员会依据本法制定管理办法。

第八十五条 本法自 2013 年 5 月 1 日起施行。

心理危机干预相关制度和法规

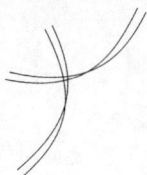

参考文献

［1］Blair-West G W，Mellsop G W. Major depression：does a gender-based down-rating of suicide risk challenge its diagnostic validity? ［J］. Australian and New Zealand journal of psychiatry，2001，35(3)：322-328.

［2］Diagnostic and statistical manual of mental disorders. DSM-Ⅳ，4th edition［M］. APA，1994：97-327.

［3］Eaton W W，et al. Population-based study of first onset and chronicity in major depressive disorder［J］. Archives of General Psychiatry，2008，65(5)：513-520.

［4］Kanel K. A guide to crisis intervention［M］. California：Marcus Boggs，2003：1.

［5］Allen M，Jerome A，White A，et al. The preparation of school psychologists for crisis intervention［J］. Psychology in the School，2002，39(4)：427-439.

［6］［美］Barlow D H，Durand V M. 异常心理学［M］. 第4版. 杨霞等译. 北京：中国轻工业出版社，2006.

［7］［美］Gilliland B E，James R K. 危机干预策略［M］. 肖水源，等译. 北京：中国轻工业出版社，2000.

［8］边玉芳等. 青少年心理危机干预［M］. 上海：华东师范大学出版

社，2010.

[9] 陈彦方.CCMD-3 相关精神障碍的治疗与护理［M］.济南:山东
科学技术出版社,2001.

[10] 林崇德,杨治良,黄希庭.心理学大辞典［M］.上海:上海教育
出版社,2003.

[11] 何金彩,唐闻捷.大学生心理健康与发展［M］.杭州:浙江大学
出版社,2005.

[12] 何元庆,姚本先.构建高校大学生心理危机干预系统初探
［J］.教育与职业,2005(5):55.

[13] 韩延明.大学生心理健康教育［M］.上海:华东师范大学出版
社,2007.

[14] 龙迪.心理危机的概念、类别、演变和结局［J］.青年研究,
1998,12:42-45.

[15] 蔺桂瑞.北京市高校心理危机预防干预工作指导手册［M］.北
京:高等教育出版社,2013.

[16] 刘取芝.大学生心理危机及其干预策略研究［D］.河海大
学,2005.

[17] 刘新民,李建明.变态心理学［M］.合肥:安徽大学出版社,北
京:北京科学技术出版社,2003.

[18] 刘瑜,王大军,孙朝阳.大学生心理危机研究现状的评述［J］.
中国医学伦理学,2008,21(6):12-15

[19] 张伯源.变态心理学［M］.北京:北京大学出版社,2005.

[20] 中华医学会精神科分会编.CCMD-3 中国精神障碍分类与诊
断标准［M］.济南:山东科学技术出版社,2001.

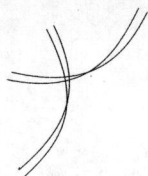

［21］石其昌等.浙江省 15 岁及以上人群精神疾病流行病学调查
［J］.中华预防医学杂志，2005，39(4)：229-236.

［22］周日波.大学生心理危机干预研究［D］.南昌大学，2007.

致　谢

在这明媚的春天里,本书终于在大家的共同努力下出版问世。这是大家齐心协力撒播下种子、浇灌下心血而盛开的春花。感谢浙江工业大学心理系 11 位同学参与书稿前期资料的搜集、整理和汇编,没有他们的努力,书稿无法这么快成型,他们的名字是(排名不分先后,按首字母排列):曹烈冰、孟子渊、齐泉、阮佳蒂、王娅、王逸、吴晋锋、徐群霞、叶丹雯、郑巨光、周静超。感谢浙江工业大学心理系教师许丹博士和柴浩博士牺牲与亲人相聚的寒假时光,在隆冬腊月里挑灯夜读,为本书的最后修改提出很多宝贵的专业意见。感谢浙江工业大学学生工作线的全体老师,如果没有他们日常积累的工作经验,书稿的内容只能是"空中楼阁",无法总结出如此有效而翔实的工作举措。

最后,感谢浙江大学出版社阮海潮编辑对本书的结构、内容所提出的很多宝贵意见,并感谢他对文字做了逐一校审。感谢浙江大学出版社让本书有机会呈现在读者面前。

由于编者经验有限,本书尚有许多不足之处,也请广大读者不吝反馈!

编　者

2015 年 5 月于子良楼

图书在版编目（CIP）数据

大学生心理危机干预指南 / 金晓明等编著. —杭州：
浙江大学出版社，2015.5（2020.1重印）
ISBN 978-7-308-14650-0

Ⅰ. ①大… Ⅱ. ①金… Ⅲ. ①大学生－心理干预－指
南 Ⅳ. ①B844.2-62

中国版本图书馆 CIP 数据核字（2015）第 088434 号

大学生心理危机干预指南

金晓明　何星舟　邱晓雯　等编著

责任编辑	阮海潮（ruanhc@zju.edu.cn）
责任校对	张一弛
封面设计	杭州林智广告有限公司
出版发行	浙江大学出版社
	（杭州市天目山路 148 号　邮政编码 310007）
	（网址：http://www.zjupress.com）
排　　版	杭州好友排版工作室
印　　刷	嘉兴华源印刷厂
开　　本	710mm×1000mm　1/16
印　　张	8.5
字　　数	113 千
版 印 次	2015 年 5 月第 1 版　2020 年 1 月第 3 次印刷
书　　号	ISBN 978-7-308-14650-0
定　　价	25.00 元

版权所有　翻印必究　印装差错　负责调换

浙江大学出版社市场运营中心联系方式：（0571）88925591；http://zjdxcbs.tmall.com